"十二五"职业教育国家规划教材

经全国职业教育教材审定委员会审定

建筑装饰工程基本技能实训指导

第 2 版

主　编　朱吉顶

副主编　范国辉

参　编　许志中　杨建国

黄世梅　李铁东　刘玉山

主　审　李志仁

U0343164

机 械 工 业 出 版 社

本书是"十二五"职业教育国家规划教材,经全国职业教育教材审定委员会审定。本书以教育部、住建部联合颁布的"高等职业学校建筑装饰装修专业领域技能型紧缺人才培养培训指导方案"为依据,并参照有关行业的职业技能鉴定规范及中高级技术工人等级考核标准编写而成。

本书精选了水暖电安装工程、顶棚装饰工程、墙柱面装饰工程、轻质隔墙装饰工程、门窗制作安装工程、楼地面装饰工程、楼梯扶栏与橱柜制作安装工程七类项目,包括 30 个实训任务。实训内容与行业需求紧密联系,每一个实训任务都从实训目的与要求、实训准备、操作工艺、施工质量控制要点、检查验收、安全环保、成品保护以及操作评定等几个方面进行了详细的阐述。本书着重培养和提高学生实际操作的能力,图文对照,新颖直观,通俗易懂,流程清晰,便于学习。

本书可供高等职业学校建筑装饰工程技术、环境艺术设计等相关专业使用,也可作为岗位培训或自学用书。

为方便教学,本书配有电子课件,凡使用本书作为教材的教师可登录机工教育服务网 www. cmpedu. com 注册下载。咨询邮箱: cmpgaozhi@ sina. com。咨询电话: 010 - 88379375。

图书在版编目(CIP)数据

建筑装饰工程基本技能实训指导/朱吉顶主编 . —2 版 . —北京:机械工业出版社,2015.9

"十二五"职业教育国家规划教材

ISBN 978-7-111-51137-3

Ⅰ.①建… Ⅱ.①朱… Ⅲ.①建筑装饰 – 建筑工程 – 高等职业教育 – 教材 Ⅳ.①TU767

中国版本图书馆 CIP 数据核字(2015)第 184651 号

机械工业出版社(北京市百万庄大街22 号 邮政编码100037)

策划编辑:常金锋 责任编辑:常金锋

责任校对:刘秀芝 封面设计:路恩中

责任印制:李 洋

涿州市京南印刷厂印刷

2015 年 9 月第 2 版第 1 次印刷

184mm×260mm・9 印张・222 千字

0001 – 3000 册

标准书号:ISBN 978-7-111-51137-3

定价:22. 00 元

凡购本书,如有缺页、倒页、脱页,由本社发行部调换

电话服务	网络服务
服务咨询热线:010 – 88379833	机工官网:www. cmpbook. com
读者购书热线:010 – 88379649	机工官博:weibo. com/cmp1952
	教育服务网:www. cmpedu. com
封面无防伪标均为盗版	金 书 网:www. golden – book. com

第2版前言

　　本书是按照高职高专建筑装饰工程技术专业人才培养规格的要求，总结编者多年来从事建筑装饰工程技术专业实践教学的经验，特别是对学生进行实际操作训练的教学经验，结合大部分学校的实训条件而编写的。本书选择了建筑装饰工程技术专业学生必须掌握的七类实训项目30个实训任务，略去了在建筑装饰施工技术中已经学过的理论知识，着重对学生在实训过程中的实际操作进行讲解。每一实训任务都有实训目的与要求、实训准备、操作工艺、施工质量控制要点、质量检查验收和操作评定等几部分，可单独成章。相信本教材能成为建筑装饰工程技术专业学生进行基本技能培训的一本理想参考书。

　　本书由中山职业技术学院朱吉顶主编，负责全书的统稿、修改、定稿，河南工业职业技术学院范国辉担任副主编，许志中、杨建国、黄世梅、李铁东、刘玉山参加了编写。

　　由于编者水平有限，书中缺点和不当之处在所难免，敬请有关专家、同行和广大读者批评指正，以期进一步修改与完善。

编者

第1版前言

本书是按照高职高专建筑装饰工程技术专业人才培养规格的要求，总结编者多年来从事建筑装饰工程专业实践教学的经验，特别是对学生进行实际操作训练的教学经验，结合大部分学校的实训条件而编写的。本书选择了建筑装饰工程专业学生必须掌握的27个实训课题，略去了在建筑装饰施工技术中已经学过的理论部分，着重对学生在实训过程中实际操作的讲解。每一实训课题主要由实训目的与要求、实训准备、施工工艺、施工质量控制要点、质量检查与验收、安全环护措施和操作评定等几部分组成，可单独成章。相信本教材能成为建筑装饰工程技术专业学生进行基本技能培训的一本理想参考书。

本书由河南工业职业技术学院朱吉顶任主编，负责全书的统稿、修改、定稿，许志中任副主编，杨建国、黄世梅、刘晓宁、李铁东、范国辉、刘玉山参加了编写。

由于编者水平有限，书中缺点和错误在所难免，敬请有关专家、同行和广大读者批评指正，以期进一步修改与完善。

编者

目 录

水暖电安装工程

任务1 PP-R 管道连接实训

1.1 实训目的与要求

实训目的：通过实训使学生掌握 PP-R 管道连接的施工工艺和主要质量控制要点，掌握电熔、热熔连接的操作技能，了解一些安全、环保的基础知识，并通过实训掌握 PP-R 管道连接施工工具的操作要领。

实训要求：4 人一组，按照给定的施工图把管路用 PP-R 管及管件连接起来。

1.2 实训准备

1. 主要材料

聚丙烯塑料管、电热熔专用管件等。

2. 作业条件

1）有所安装项目的设计图样。

2）土建工作已经基本完成，管道要穿越的基础、墙和楼板已经预留有孔洞，或者已经加装有预埋套管。

3）施工现场的临时用水用电满足施工需要。

4）施工用工具、设备已经准备就绪，施工中要使用的零件小料也准备就绪。

3. 主要机具

电熔控制箱、接口夹具、刮削器、割管器、自调式热熔焊接器、卡尺、直尺、细齿锯、轮式割刀等。

1.3 操作工艺

1.3.1 PP-R 管道热熔连接操作

1. 操作程序

切管及预装配→热熔器预热→将管端与管件推至加热模芯→取下加热管端与管件→承插熔接→校正调节接头位置。

（1）切管及预装配

1）按设计图样坐标、标高，绘制实测管道施工图，用细齿锯将所测管段锯断，用刮削器剔除毛刺，并进行坡口处理。坡口角度为 10°~15°，长度为 2.5~3.0mm。

2）管端要顺直，预装配时可以用直尺和铅笔，在管端测量并标出相应的熔接深度。其熔接深度应符合有关规定。

（2）热熔器预热　将自调式热熔焊接器接通电源，并稍等片刻，待熔接器上的绿色指示灯开始闪烁时，说明熔接器预热已经达到 260℃（即熔接温度），可以进行下一步工序操作。

（3）将管端与管件推至加热模芯　先用干净的软布擦拭管端与管件表面的灰尘、潮湿水，再校正管端与管件，使其两者在同一直线上，刮除其表面氧化层，并插入一定的深度，无旋转地把管件推至加热模芯上，达到规定标志处；同时把管端无旋转地推至加热模芯的另一端，并插入到所标志的深度。

（4）取下加热管端与管件　加热片刻，待熔接器绿灯亮，观察管表面呈现半透明流浆状，随即把管端与管件从加热模芯上同时退下。

（5）承插熔接　迅速平直、均匀平稳地将管端推入管件接头，并插入到所标深度，可观察到接口处有流浆挤出，在接口处形成一均匀的熔接圈。

（6）校正调节接头位置　在熔接之后，待熔融物全部冷却后开始硬化时，可对刚刚接好的接头适度调节，但严禁旋转移动管接头，不得在管接头上施加任何外力。

2. 热熔插接操作质量标准和技术参数（表1-1）

表1-1　PP－R热熔操作技术参数

外径/mm	熔接深度/mm	加热时间/s	插接时间/s	冷却时间/s
20	14	5	4	3
25	16	7	4	3
32	20	8	4	4
40	21	12	6	4
50	23	18	6	5
63	24	24	6	6
70	26	30	10	8
90	32	40	10	8
100	39	50	15	10

注：如果操作环境温度低于5℃，加热时间应当延长50%～60%。

3. PP－R管道热熔连接的质量标准及注意事项

熔接连接管道的结合面应有一均匀的熔接圈，不得出现局部熔瘤或熔接圈凸凹不均现象。

1）实训操作人员必须经技术及安全培训，仔细阅读产品说明书及施工规范后方可进行操作。

2）禁止将不同生产厂家的管材以及同厂家不同出厂日期的管材进行热熔连接，以确保安装质量。

3）热熔接口操作过程中有关熔接时间、冷却时间均有严格要求，应根据管径规格选择相应参数。在加热、插接、冷却的全过程中，管接口不得转动、移动和受力，防止形成"假焊"。

4）管道连接使用热熔工具时，应遵守电气工具安全操作规程，并注意防潮和污染。

5）严禁明火烘烤管材。不得将已熔接管道作为拉攀、吊架使用，对已熔接的管道严禁重压、敲击。

1.3.2　PP-R管道电熔连接操作

1. 操作程序

接口表面处理→画接口定位导线→预装配及安装夹具→连接导线插座、熔接→接口冷却及检查→拆卸夹具和导线插座。

（1）接口表面处理　使用专用刮削器对直管线接口部分的表面进行刮削处理，以去除其表面的氧化层。凡是接口的圆周面和套管、承插管接头的端面都应全部进行均匀刮削。刮削的深度由公称外径决定。一般当公称外径≤63mm时，刮削深度≤0.1mm；公称外径>63mm时，刮削深度≤0.2mm。

（2）画接口定位导线　根据接管插入承口内或连接件内应有的长度，在直管管端画出定位线。

（3）预装配及安装夹具　将直管插入连接件的承口内，并检查插入的部位是否均匀到位，承插配套的松紧度是否符合标准。待以上检查合格后，把预装合适的直管和连接件装在接口夹具上，并调整好夹具，使两管中心线在同一轴线上，用夹具从滑槽上把直管推入连接件的承口内直到定位线为止。

（4）连接导线插座、熔接　按要求选择好电控箱的输出电压，然后连接电控箱上的电导线插头和连接件上的电导线圈，旋动按钮选定正确的熔接时间，并做调整，待片刻再按启动按钮，以熔化线圈。待接头内的线圈完全熔化以后，即可完成熔融接口。注意，此刻屏幕显示读数为"000"。

（5）接口冷却及检查　按规定时间，在熔接完毕后对接口进行冷却，在接口冷却的全过程中，不得移动接口或施加任何外力，并进行接口质量检查，从观察孔中看到电熔接口凸起即为合格。

（6）拆卸夹具和导线插座　待接口完全冷却、质量检查合格后，即可拆卸夹具和电熔导线插座。

2. 电熔连接

电熔连接是热熔连接方式的一种，可应用于给水系统管道。其特点是连接方便快捷，接头质量好，外界干扰因素小。电熔连接一般用在受安装部位限制，无法实施热熔连接的施工部位。

具有相同热塑性的塑料管连接时，插入特制的电熔管件，由电熔机具对电熔管件通电，依靠电熔管件内部预埋设的电阻丝产生所需的热量进行熔接，冷却后管道与电熔管件连接成为一个整体。

当管道采用电熔连接时，应符合下列规定：

1）应保证电熔管件与管材的熔合部位不受潮。

2）电熔承插连接管件的连接端应切割垂直，并应用洁净棉布擦净管材和管件连接面上的污物，并标上插入深度，刮除其表皮。

3）校直两对应的连接件，使其处于同一轴线上。

4）电熔机具与电熔管件的导线连通应正确无误。连接前，应检查通电加热的电压，加热时间应符合电熔机具与电熔管件生产厂家的有关规定。

5）在熔合及冷却过程中，不得移动、转动电熔管件和熔合的管道，不得在连接件上施加任何压力。

6）电熔连接的标准加热时间应由生产厂家提供，并应随环境温度的不同而加以调整。电熔连接的加热时间与环境温度的关系应符合表 1-2 规定。若电熔机具有温度自动补偿功能，则不需调整加热时间。

表 1-2　电熔连接的加热时间与环境温度的关系

环境温度/℃	加热时间修正值	举例
-10	$t + 12\%\,t$	112s
0	$t + 8\%\,t$	109s
+10	$t + 4\%\,t$	104s
+20	标准加热时间 t	100s
+30	$t - 4\%\,t$	96s
+40	$t - 8\%\,t$	92s
+50	$t - 12\%\,t$	88s

7）管道采用电熔连接时，应采用管道生产厂家生产的电熔管件，其强度试验与严密性试验不得低于有关规定，并由生产厂家提供专用配套的电熔机。电熔机应安全可行，便于操作，并附有产品合格证书和使用说明书。

3. 注意事项

1）电热熔接口均属通过电阻丝加热，操作者应严格遵守用电设备的规定，防止触电。

2）电熔接口时，屏幕显示正常方可进行熔接，否则应立即停止熔接。应设专人看管使用电熔控制箱。

3）在熔接过程中，当电热平模板达到温度后，要指定专人看守，以防烫伤。

1.4　施工质量控制要点

1. 主控项目

1）安装中使用的管材与管件的型号、规格必须符合规范和设计要求。

2）安装管道的位置与标高必须符合设计要求。

3）管道安装后进行水压试验必须符合规范的要求。

2. 一般项目

1）管道的坡度正确。

2）管道支架的安装应正确、牢固。

3）PP-R 管熔接连接时，两端面完全接触并形成均匀凸缘，不出现渗水漏水现象。

3. 允许偏差项目

室内给水管道安装的坡度、水平度、垂直度允许有一定偏差，其偏差和检查方法见表 1-3。

1.5　质量检查与验收（表1-3）

表1-3　安装质量标准、检查方法及允许偏差

序号	项目	质量标准	检验方法	检查数量
1	水压试验	水压试验结果必须符合施工规范规定	现场观看或看试验记录	管道系统全数检查
2	管道坡度	符合设计要求为优良，误差不超过设计坡度的1/3为合格	用水平尺或尺量检查	每50m抽查两段，不足50m抽查1段
3	管道支架	构造正确，埋设平整牢固为合格，在合格的基础上排列整齐为优良	观察或用手扳动检查	抽查5%，数量少时全检查
4	阀门安装	型号、规格、强度、严密性符合设计要求，安装正确，牢固紧密为合格。在合格的基础上，启闭灵活，表面洁净为优良	手扳动检查，检查出厂合格证、试验单	同一规格型号抽查5%，数量少时全检查
5	水平管道纵横弯曲率	$DN\leqslant100mm$，弯曲率≤0.001$DN>100mm$，弯曲率≤0.0015	用水平尺、直尺和拉线检查	抽查5%，数量少时全检查
6	管道垂直度	≤0.002，最大不超过15mm	用尺和水平尺吊线检查	抽查5%，数量少时全检查

1.6　安全环保措施

1）管材应水平堆放在平整的地上，避免弯曲管材，堆置高度不得超过1.5m，管件应逐层堆码，不宜叠得过高。

2）不得露天存放，防止阳光直射，注意防火安全，距离热源不得小于1m。搬运管材和管件时，应小心轻放，避免油污，严禁剧烈撞击。

3）操作人员应有必要的防护措施，如手套和安全帽等。

4）施工现场要及时清理，防止蹬滑及人身伤害，边角废料要分类回收。

1.7　成品保护

1）对已经施工完的墙面与地面，要注意保护，尽量减少打洞，尽量采用膨胀螺栓固定。

2）中断安装时，必须将留下的管口做临时封闭处理，严禁杂物进入管道。

3）安装完成后，要保持管道表面清洁，严禁对已安装好的管道踩蹬。

1.8　学生操作评定（表1-4）

表1-4　PP-R管道热熔电熔连接操作评定表

姓名：　　　得分：

序号	评分项目	评定方法	满分	得分
1	符合设计要求，管材和管件正确，规格、尺寸正确	检查产品合格证、性能检测报告，尺量检查	20	
2	管道管件连接方法正确	现场观察	20	
3	压力试验合格，严密无渗漏	现场观察，打压试验	20	
4	正确使用机具设备	现场观察	15	
5	安全防护及现场清理检查	现场观察	15	
6	实训总结报告	检查	10	

考评员：　　　日期：

任务2 卫生洁具安装实训

2.1 实训目的与要求

实训目的：通过实训使学生掌握常见卫生设备的施工工艺和主要质量控制要点，掌握卫生器具质量验收标准及检验方法，着重掌握卫生器具施工质量通病的防治措施。

实训要求：4人一组，练习操作卫生洁具的安装。

2.2 实训准备

1. 主要材料

镀锌钢管、PVC塑料管、高位水箱蹲便器、背水箱坐便器、台式洗脸盆、浴盆、花洒、立式小便器、各类阀门、存水弯、水龙头等。对主要卫生器具的要求如下：

1）卫生洁具规格、型号必须符合设计要求，并有出厂合格证。卫生洁具外观应造型周正，表面光滑、美观、无裂纹，色调一致。

2）卫生洁具零件规格应标准，质量应可靠，外表光滑，电镀均匀，螺纹清晰，锁母松紧适度，无砂眼、裂纹等缺陷。

3）卫生洁具的水箱配件应采用节水型。

2. 作业条件

1）所有与卫生洁具连接的管道水压、灌水试验已完毕，并已办好隐蔽验收手续。

2）卫生洁具应在室内装修基本完成后再进行安装。

3）按施工方案要求的安装条件已经具备。

4）蹲便器应在其台阶砌筑前安装，坐便器应在其台阶砌好后安装。

3. 主要机具

1）机械：套丝机、砂轮切割机、砂轮锯、手电钻、冲击钻、电锤、手动试压泵等。

2）工具：管钳、手锯、剪子、活扳手、手锤、手铲、錾子、螺钉旋具、电烙铁等。

3）其他：水平尺、线坠、角尺等。

2.3 操作工艺

卫生洁具在安装前应当进行检验、清洗，配件与卫生洁具应配套，部分卫生洁具应先进行预制再安装。卫生设备安装的一般工艺流程：安装准备→卫生洁具及配件检验→卫生洁具预装→卫生洁具配件预装→卫生洁具安装→卫生洁具与墙、地缝隙处理→卫生洁具外观检查→通水试验。

2.3.1 高水箱、蹲便器安装（图1-1）

1. 高水箱配件安装

1）先将虹吸管、锁母、根母、下垫卸下，涂抹油灰后将虹吸管插入高水箱出水孔。将管下垫、眼圈套在管上。拧紧根母至松紧适度。将锁母拧在虹吸管上，虹吸管方向、位置视具体情况自行确定。

2）将浮球拧在漂杆上，并与浮球阀连接好。

3）拉把支架安装：将拉把上螺母眼圈卸下，再将拉把上螺栓插入水箱一侧的上沿（侧位方向视给水预留口情况而定）加垫圈紧固。调整挑杆距离（挑杆的提拉距离一般为40mm为宜），挑杆另一端连接拉把，将水箱备用上水眼用塑料胶盖堵死。

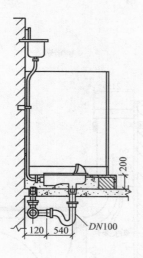
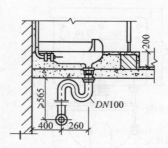

图 1-1　高水箱、蹲便器安装图

2. 高水箱、蹲便器安装

1）首先将胶皮碗套在蹲便器进水口上，要套正套实。用成品喉箍紧固。

2）将预留排水管口周围清扫干净，把临时管堵取下，同时检查管内有无杂物。找出排水管口的中心线，并画在墙上。用水平尺找好竖线。将下水管承口内抹上油灰，蹲便器位置下铺垫白灰膏，然后将蹲便器排水口插入排水管承口内安好。将水平尺放在蹲便器上沿，纵横双向找平、找正，使蹲便器进水口对准墙上中心线。蹲便器两侧用砖砌好抹光，将蹲便器排水口与排水管接触处的油灰压实、抹光。最后将蹲便器排水口用临时堵封好。

3）安装多联蹲便器时，应先检查排水管口标高、甩口距墙尺寸是否一致。找出标准地面标高，向上测量好蹲便器需要的高度，用细线找平，找好墙面距离，然后按上述方法逐步进行安装。

4）高水箱安装应在蹲便器安装之后进行。首先检查蹲便器的中心与墙面中心线是否一致，如有错位及时进行调整，以蹲便器不扭斜为宜。确定水箱出水口中心位置，向上测量出规定高度。同时结合高水箱固定孔与给水孔的距离找出固定螺栓高度位置，在墙上面画好十字线，剔成 ϕ30mm、深 100mm 的孔，用水冲净孔内杂物，将燕尾螺栓插入洞内用水泥填塞牢固。将装好配件的高水箱挂在固定螺栓上，加胶垫、眼圈，带好螺母，拧至松紧适度。

5）多联高水箱应按上述做法先挂两端的水箱，然后挂线拉平、找直，再安装中间水箱。

6）高水箱给水管的连接：先上好八字水门，测量出高水箱浮球阀距八字水门中口给水管尺寸，配好短节，装在八字水门上及给水管口内。将铜管断好，需要灯叉弯者把弯煨好。然后将浮球阀和八字水门锁母卸下，背对背套在铜管上，两头缠铅油麻线，分别插入浮球阀和八字水门进出口内拧进锁母。

7）延时自闭冲洗阀的安装：冲洗阀的中心高度为 1050mm。根据冲洗阀至胶皮碗的距离，断好 90°弯的冲洗管，使两端合适，将冲洗阀锁母和胶圈卸下，分别套在冲洗管直管段上，将弯管的下端插入胶皮碗内 40~50mm，用喉箍卡牢。再将上端插入冲洗阀内，推上胶圈，调直找正，将锁母拧至松紧适度。扳把式冲洗阀的扳手应朝向右侧向正面。按钮式冲洗阀的按钮应朝向正面。

2.3.2 背水箱坐便器安装（图 1-2）

1. 背水箱配件安装

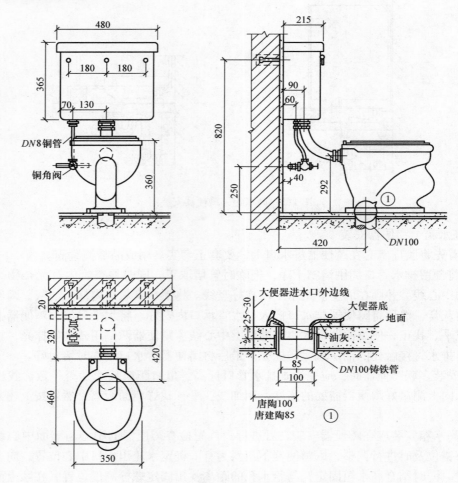

图 1-2　背水箱坐便器安装图

1）溢水管口应低于水箱固定螺孔 10～20mm。

2）背水箱浮球阀安装与高水箱相同，有补水管者把补水管上好后煨弯至溢水管口内。

3）安装扳手时，先将圆盘塞入背水箱左上角方孔内，把圆盘上的螺母用管钳拧至松紧适度，把挑杆煨成勺弯，将扳手轴插入圆盘孔内，套上挑杆拧紧顶丝。

4）安装背水箱翻板式排水时，将挑杆与翻板用尼龙线连接好。扳动扳手式挑杆，上翻板活动自如。

2. 背水箱、坐便器安装

1）将坐便器预留排水口清理干净，取下临时管堵，检查管内有无杂物。

2）将坐便器出水口对准预留口放平找正，在坐便器两侧固定螺栓孔处画好印记后，移开坐便器，将印记做十字线。

3）在十字线中心处剔成 $\phi20mm$、深 $60mm$ 的孔，将相应的镀锌螺栓插入孔内用水泥嵌牢，将坐便器试装，使固定螺栓与坐便器吻合，移开坐便器。将坐便器排水口及排水管口周围抹上油灰后，将坐便器对准螺栓放平、找正，螺栓上套好胶垫，将垫圈上螺母拧至松紧适度。

4）对准坐便器尾部中心，在墙上画好垂直线，在距地坪 $800mm$ 高度画水平线。根据水箱背面固定孔的距离，在水平线上画好十字线。在十字线中心处剔 $\phi30mm$、深 $70mm$ 的孔，把带有燕尾的镀锌螺栓（规格 $M10mm\times100mm$）插入孔内，用水泥嵌牢。将背水箱挂在螺栓上放平、找正。与坐便器中心对正，螺栓上套好胶垫，带上垫圈，将螺母拧至松紧适度。

2.3.3　洗脸盆安装（图1-3）

1. 洗脸盆零件安装

1）安装洗脸盆下水口：先将下水口根母、垫圈、胶垫卸下，将上垫垫好油灰后插入脸盆排水口孔内，下水口中的溢水口要对准洗脸盆排水口中的溢水口。外面加上垫好油灰的胶垫，套上垫圈，带上根母，再用自制扳手卡住排水口十字筋，用平口扳手上根母至松紧适度。

2）安装脸盆水龙头：先将水龙头根母、锁母卸下，在水龙头根部垫好油灰，插入脸盆给水孔，下面再套上胶垫、垫圈，带上根母后左手按住水龙头，右手用自制八字死扳手将锁母紧至松紧适度。

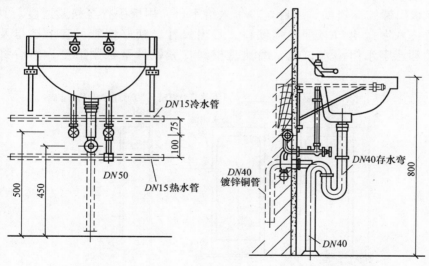

图1-3　洗脸盆安装图

2. 洗脸盆安装

1）洗脸盆支架安装：应按照排水管口中心在墙上画出竖线，由地面向上量出规定的高度，画出水平线，根据盆宽在水平线上画出支架位置的十字线。按印记剔成 $\phi30mm$、深 $120mm$ 的孔，将脸盆支架找平栽牢，再将脸盆置于支架上找平、找正。将架钩钩在盆下固定孔内，拧紧盆架的固定螺栓，找平、找正。

2）洗脸盆排水管连接

①S型存水弯的连接：应在脸盆排水口螺纹下端涂铅油，缠少许麻丝，将存水弯上节

拧在排水口上，松紧适度。再将存水弯下节的下端缠油麻绳或盘根绳插在排水管口内，将胶垫放在存水弯的连接处，把锁母用手拧紧后调直找正，再用扳手拧至松紧适度。用油灰将下水管口塞严、抹平。

②P型存水弯的连接：应在脸盆排水口下端涂铅油，缠少许麻丝，将存水弯立节拧在排水口上，松紧适度。再将存水弯横节按需要长度配好。把锁母和护口盘背靠背靠在横节上，在端头插好油盘根绳，试安装高度是否合适。把护口盘内添满油灰后向墙面找平、按实。将外溢油灰除掉，擦净墙面。将下水口处外露麻丝清理干净。

3. 洗脸盆给水管连接

首先量好尺寸，配好短管，装上八字水门。再将短管另一端螺纹涂油、缠麻丝，拧在预留给水管口至松紧适度。将铜管按尺寸断好，需煨灯叉弯者把弯煨好。将八字水门与水龙头的锁母卸下，背靠背套在铜管上，分别加好紧固垫，上端插入水龙头根部，下端插入八字水门中口，分别拧好上、下锁母至松紧适度，找直、找正。

2.3.4 立式小便器安装（图1-4）

立式小便器安装前应检查给水、排水预留管口是否在一条垂线上，间距是否一致。符合要求后按照管口找出中心线。将下水管周围清理干净，取下临时管堵，抹好油灰，在立式小便器下铺垫水泥、白灰膏的混合物（比例为1∶5）。将立式小便器安装，并找平、找正。立式小便器与墙面、地面缝隙嵌入白水泥浆补齐、抹光。

将八字水门螺纹抹铅油、缠麻丝，带入给水口，用扳手拧至松紧适度。其护口盘应与墙面靠严。八字门出口对准鸭嘴锁口，量出尺寸，断好铜管，套上锁母及扣碗，分别插入鸭嘴和八字水门出水口内，缠油盘根绳拧紧锁母至松紧适度，然后将扣碗加油灰按平。

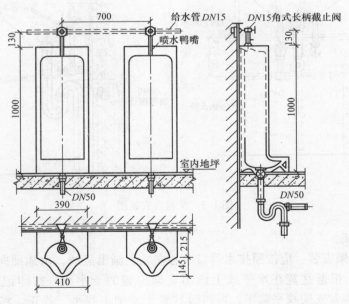

图1-4 立式小便器安装图

2.3.5 浴盆安装（图1-5）

1. 浴盆固定安装

浴盆安装前应将浴盆内表面擦拭干净，同时检查瓷面是否完好。带腿的浴盆先将腿部的螺钉卸下，将拔梢插入浴盆底卧槽内，把腿扣在浴盆上带好螺母拧紧找平。浴盆如砌砖腿时，应配合土建施工把砖腿按标高砌好。将浴盆稳于砖台上，找平、找正。浴盆与砖腿缝隙处用1:3水泥砂浆填充抹平。

2. 浴盆排水安装

将浴盆排水三通套在排水横管上，缠好油盘根绳，插入三通中口，拧紧锁母。三通下口装好铜管，插入排水预留管口内（铜管下端扳边）。将排水口圆盘下加胶垫、油灰，插入浴盆排水孔，外面再套胶垫、垫圈，螺纹处涂铅油、缠麻丝。用自制叉扳手卡住排水口十字筋，上入弯头内。

将溢水立管下端套上锁母，缠上油盘根绳，插入三通上口对准浴盆溢水孔，带上锁母。溢水管弯头处加1mm厚的胶垫、油灰，将浴盆堵螺栓穿过溢水孔花盘，上入弯头"一"字螺纹上，无松动即可，再将三通上口锁母拧至松紧适度。

浴盆排水三通出口和排水管接口处缠绕油盘根绳捻实，再用油灰封闭。

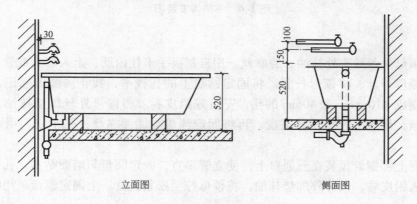

立面图　　　　　　　　　　　　侧面图

图1-5 浴盆安装图

3. 混合水龙头安装

将冷、热水管口找平、找正。把混合水龙头转向对丝，抹铅油，缠麻丝，带好护口盘，用自制扳手插入转向对丝内，分别拧入冷热水预留管口，校好尺寸，找平、找正。使护口盘紧贴墙面。然后将混合水龙头对正转向对丝，加垫后拧紧锁母找平、找正，用扳手拧至松紧适度。

4. 水龙头安装

先将冷、热水预留管口用短管找平、找正。如暗装管道进墙较深者，应先量出短管尺寸，套好短管，使冷、热水龙头安完后距墙一致。将水龙头拧紧找正，除净外露麻丝。

2.3.6 淋浴器安装（图1-6）

1. 镀铬淋浴器安装

暗装管道先将冷、热水预留管口加试管找平、找正。量好短管尺寸，断管、套螺纹、涂铅油、缠麻丝，将弯头上好。明装管道按规定标高煨好"Ω"弯（俗称元宝弯），上好

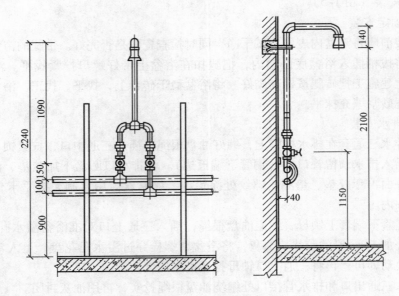

图 1-6　淋浴器安装图

管箍。

　　淋浴器锁母外丝丝头处抹油、缠麻丝。用自制扳手卡住内筋，上入弯头或管箍内。再将淋浴器对准锁母外丝，将锁母拧紧。将固定圆盘上的孔找平、找正。画出标记，卸下淋浴器，将印记剔成 $\phi10$mm、深 40mm 的孔，安装好铅皮卷。将锁母外丝加垫抹油，将淋浴器对准锁母外丝，用扳手拧至松紧适度。再将固定圆盘与墙面靠严，孔平正，用螺栓固定在墙上。

　　将淋浴器上部铜管预装在三通口上，使立管垂直，固定圆盘与墙面贴实，孔平正，画出孔标记，嵌入铅皮卷，锁母外加垫抹油，将锁母拧至松紧适度。上固定圆盘采用螺栓固定在墙面上。

　　2. 钢管淋浴器的组装

　　钢管淋浴器的组装必须采用镀锌管及管件、铜芯阀门，各部分尺寸必须符合规范规定。由地面向上量出 1150mm，画一条水平线，为阀门中心线高度。再将冷、热阀门中心位置画出，测量尺寸，配管上零件，阀门上应加活接头。

　　根据组数预制短管，按顺序组装，立管应栽立管卡，将喷头卡住。立管应垂直，将喷头找正。

2.4　施工质量控制要点

　　1. 保证项目

　　1）卫生洁具的型号、规格、质量必须符合要求，卫生洁具排水的出口与排水管承口的连接处必须严密不漏。

　　检查方法：检验出厂合格证，通水检查。

　　2）卫生洁具的排水管径和最小坡度，必须符合设计要求和施工规范的规定。

　　检查方法：观察或尺量检查。

2. 基本项目

支托架防腐良好，埋设平整牢固，洁具放置平稳。支架与洁具接触紧密。

检查方法：观察和手扳检查。

3. 允许偏差项目

卫生洁具安装允许偏差项目见表 1-5。

表 1-5　卫生洁具安装允许偏差项目

项目		允许偏差/mm	检验方法
坐标	单独器具	10	拉线、吊线和尺量检查
	成排器具	5	
标高	单独器具	±15	
	成排器具	±10	
器具水平度		2	用水平尺和尺量检查
器具垂直度		3	用吊线和尺量检查

4. 质量问题分析

1）蹲便器不平，左右倾斜：安装时，正面和两侧垫砖不牢，焦渣填充后，没有检查，抹灰后没有及时修理，造成高水箱与便器不对中。

2）高、低水箱拉、扳把不灵活：高、低水箱内部配件安装时，三个主要部件在水箱内位置不合理。高水箱进水、拉把应放在水箱同侧，以免使用时互相干扰。

3）零件镀铬表层被破坏：安装时使用管钳，应采用平面扳手或自制扳手。

4）坐便器与背水箱中心没对正，弯管歪扭：划线不对中，便器安装不正或工序颠倒，先安背水箱，后安便器。

5）坐便器周围离开地面：下水管口预留过高，安装前没修理。

6）立式小便器距墙缝隙太大：甩口尺寸不准确。

7）洁具溢水失灵：下水口无溢水孔。

2.5　质量检查与验收

（一）卫生洁具

1. 主控项目

1）排水栓安装应平正、牢固，低于排水表面，周边无渗漏。

检验方法：试水观察检查。

2）卫生器具交工前应做满水和通水试验。

检查方法：满水后各连接件不渗不漏；通水试验给水、排水畅通。

2. 一般项目

1）卫生器具安装的允许偏差应符合表 1-5 的要求。

2）有饰面的浴盆，应留有通向浴盆排水口的检修门。

检验方法：观察检查。

3）卫生器具的支、托架必须防腐良好，安装平整、牢固，与器具接触紧密、平稳。

检验方法：观察和手扳检查。

13

（二）卫生器具给水配件安装

1. 主控项目

卫生器具给水配件应完好无损伤，接口严密，启用部分灵活。

检验方法：观察及手扳检查。

2. 一般项目

1）卫生器具给水配件安装标高的允许偏差应符合有关要求。

2）浴盆软管淋浴器挂钩的高度，如设计无要求，应距地面1.8m。

检验方法：尺量检查。

（三）卫生器具排水管道安装

1. 主控项目

1）与排水横管连接的各卫生器具的受水口和立管均应采取妥善可靠的固定措施；管道与楼板的接合部位应采取牢固可靠的防渗、防漏措施。

检验方法：观察和手扳检查。

2）连接卫生器具的排水管道接口应紧密不漏，其固定支架、管卡等支撑位置应正确、牢固，与管道的接触应平整。

检验方法：观察及通水检查。

2. 一般项目

1）卫生器具排水管道安装的允许偏差应符合表1-6的规定。

表1-6　卫生器具排水管道安装的允许偏差及检验方法

序号	检 查 项 目		允许偏差/mm	检验方法
1	横管弯曲度	每1m长	2	用水平尺量检查
		横管长度≤10m，全长	8	
		横管长度>10m，全长	10	
2	卫生器具的排水管口及横支管的纵横坐标	单独器具	10	用尺量检查
		成排器具	5	
3	卫生器具的接口标高	单独器具	±10	用水平尺或尺量检查
		成排器具	±5	

2）连接卫生器具排水管管径与最小坡度也应当符合施工规范（表1-7）。

表1-7　连接卫生器具排水管管径与最小坡度表

序号	卫生设备名称	排水管管径/mm	管道最小坡度
1	洗脸盆	32～50	0.020
2	浴盆	50	0.020
3	淋浴器	50	0.020
4	大便器	100	0.012
5	小便器	40～50	0.020

2.6　安全环保措施

1）搬运卫生器具时，要握牢抓紧，防止滑动及倾倒伤人。

2）使用电锤、冲击钻、錾子打透孔时，严禁在楼板下及墙后有人员靠近。

3）安装好的卫生器具严禁有边角废料进入卫生器具和管道内，以免堵塞管道。现场应当清理干净。

2.7 成品保护

1）洁具在搬运和安装时要防止磕碰。安装后洁具排水口应用防护用品堵好，镀铬零件用纸包好，以免堵塞或损失。

2）在釉面砖、水磨石墙面剔孔洞时，宜用手电钻或先用小錾子轻剔掉釉面，待剔至砖底层处方可用力，但不得过猛，以免将面层剔碎或振成空鼓。

2.8 学生操作评定（表1-8）

表1-8 卫生洁具安装操作评定表

姓名： 　得分：

序号	项目	评定方法	满分	得分
1	卫生洁具规格、型号必须符合设计要求，并有出厂合格证	检查产品合格证、性能检测报告；尺量检查	10	
2	管材和管件是否正确，规格、尺寸是否正确，卫生洁具零件规格是否标准	现场观察，检查产品安装说明；卡尺或尺量检查	20	
3	洁具配件连接方法是否正确	现场观察	20	
4	安装严密，无跑水、渗漏水	现场观察，打压试验	20	
5	正确使用机具设备	现场观察	10	
6	安全防护及现场清理检查	现场观察	10	
7	实训总结报告	检查	10	
合计			100	

考评员： 　日期：

任务3 室内采暖管道安装实训

3.1 实训目的及要求

实训目的：掌握一般工业与民用建筑热水采暖管道安装工程施工工艺流程，掌握采暖管道施工质量控制标准及检验方法，了解采暖系统相关的施工验收程序。

实训要求：一般按6人一组练习热水采暖管道安装。

3.2 实训准备

3.2.1 材料要求

1）管材：镀锌钢管，管材不得弯曲、锈蚀，无飞刺、重皮及凹凸不平现象。

2）管件：无偏扣、方扣、乱扣、断丝和角度不准确现象。

3）阀门：铸造规矩、无毛刺、无裂纹、开关灵活严密，螺纹无损伤，直度和角度正确，强度符合要求，手轮无损伤。有出厂合格证，安装前应按有关规定进行强度、严密性试验。

4）其他材料：型钢、圆钢、管卡子、螺栓、螺母、油、麻、垫、焊条等，选用时应符合设计要求。

3.2.2 主要机具

1）机具：砂轮锯、套丝机、台钻、电焊机、煨弯器等。

2）工具：压力案、台虎钳、电焊工具、管钳、手锤、手锯、活扳子等。

3）其他：钢卷尺、水平尺、线坠、粉笔、小线等。

3.2.3 作业条件

1）干管安装：位于地沟内的干管，应把地沟内杂物清理干净，安装好托吊卡架，未盖沟盖板前安装；位于楼板下及顶层的干管，应在结构封顶后或结构进入安装层的一层以上后安装。

2）立管安装必须在确定准确的地面标高后进行。

3）支管安装必须在墙面抹灰后进行。

3.3 施工工艺

3.3.1 工艺流程

安装准备→预制加工→卡架安装→干管安装→立管安装→支管安装→试压→冲洗→防腐→保温→调试。

3.3.2 安装准备

1）认真熟悉图纸，配合土建施工进度，预留槽洞及安装预埋件。

2）按设计图纸画出管路的位置、管径、变径、预留口、坡向、卡架位置等施工草图，包括干管起点、末端和拐弯、节点、预留口、坐标位置等。

3.3.3 干管安装

1）按施工草图，进行管段的加工预制，包括断管、套丝、上零件、调直，核对好尺寸，按环路分组编号，码放整齐。

2）安装卡架，按设计要求或规定间距安装。吊卡安装时，先把吊棍按坡向、顺序依次穿在型钢上，吊环按间距位置套在管上，再把管抬起穿上螺栓拧上螺母，将管固定。安装托架上的管道时，先把管就位在托架上，把每一节管装好U形卡，然后安装第二节管，以后各节管均照此进行，紧固好螺栓。

3）干管安装应从进户或分支路点开始，装管前要检查管腔并清理干净。在丝头处涂好铅油缠好麻，一人在末端扶平管道，一人在接口处把管相对固定对准螺纹，慢慢转动入扣，用一把管钳咬住前节管件，用另一把管钳转动管至松紧适度，对准调直时的标记，要求螺纹外露2~3扣，并清掉麻头，依此方法装完为止（管道穿过伸缩缝或过沟处，必须先穿好钢套管）。

4）制作羊角弯时，应煨两个75°左右的弯头，在连接处锯出坡口，主管锯成鸭嘴形，拼好后即应点焊、找平、找正、找直后，再进行施焊。羊角弯结合部位的口径必须与主管口径相等，其弯曲半径应为管径的2.5倍左右。

干管过墙安装分路做法如图1-7所示。

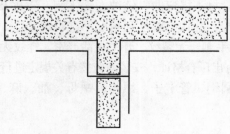

图1-7 干管过墙安装分路的做法

5）分路阀门离分路点不宜过远，如分路处是系统的最低点，必须在分路阀门前加汇水丝堵。集气罐的进出水口，应开在偏下约为罐高的1/3处。丝接应在管道连接调直后安装。其放风管应稳固，如不稳可装两个卡子，集气罐位于系统末端时，应装托、吊卡。

6）采用焊接钢管，先把管子选好调直，清理管腔，将管运到安装地点，安装程序从第一节开始；把管就位找正，对准管口使预留口方向准确，找直后用气焊点焊固定（管径≤50mm的点焊两点，管径≥70mm的点焊三点），然后施焊，焊完后应保证管道正直。

7）管道安装完后，检查坐标、标高、预留口位置和管道变径等是否正确，然后找直，用水平尺校对复核坡度，调整合格后，再调整吊卡螺栓U形卡，使其松紧适度，平正一致，最后焊牢固定卡处的止动板。

8）摆正或安装好管道穿结构处的套管，填堵管洞口，预留口处应加好临时管堵。

3.3.4　立管安装

1）核对各层预留孔洞位置是否垂直，吊线、剔眼、栽卡子。将预制好的管道按编号顺序运到安装地点。

2）安装前先卸下阀门盖，有钢套管的先穿到管上，按编号从第一节开始安装。涂铅油缠麻将立管对准接口转动入扣，一把管钳咬住管件，一把管钳拧管，拧到松紧适度，对准调直时的标记要求螺纹外露2~3扣，预留口平正为止，并清净麻头。

3）检查立管的每个预留口标高、方向、半圆弯等是否准确、平正。将事先栽好的管卡子松开，把管放入卡内拧紧螺栓，用吊杆、线坠从第一节管开始找好垂直度，扶正钢套管，最后填堵孔洞，预留口必须加好临时丝堵。

3.3.5　支管安装

1）检查散热器安装位置及立管预留口是否准确。量出支管尺寸和灯叉弯的大小，散热器中心距墙与立管预留口中心距墙之差。

2）配支管，按量出支管的尺寸，减去灯叉弯的量，然后断管、套丝、煨灯叉弯和调直。将灯叉弯两头抹铅油缠麻，连接散热器，把麻头清净。

3）暗装或半暗装的散热器，灯叉弯必须与炉片槽墙角相适应，达到美观。

4）用钢尺、水平尺、线坠校对支管的坡度和平行距墙尺寸，并复查立管及散热器有无移动。

5）立支管变径，不宜使用铸铁补芯，应使用变径管箍或焊接法。

6）按设计或规定的压力进行系统试压及冲洗，合格后办理验收手续，并将水泄净。

3.3.6　通暖

1）首先连接好热源，根据供暖面积确定通暖范围，制定通暖人员分工，检查供暖系统中的泄水阀门是否关闭，干、立、支管的阀门是否打开。

2）向系统内充水，开始先打开系统最高点的放风阀，安排专人看管。慢慢打开系统回水干管的阀门，待最高点的放风阀见水后即关闭放风阀。再开总进口的供水管阀门，高点放风阀要反复开放几次，使系统中的冷风排净为止。

3）正常运行半小时后，开始检查全系统，遇有不热处应先查明原因，需冲洗检修时，则关闭供回水阀门泄水，然后分先后开关供回水阀门放水冲洗，冲净后再按照上述程序通暖运行，直到正常为止。

4）冬季通暖时，必须采取临时取暖措施，使室温保持5℃以上才可进行。遇有热度不均，应调整各分路立管、支管上的阀门，使其基本达到平衡后，进行正式检查验收，并办理验收手续。

3.4 施工质量标准

3.4.1 保证项目

1）隐蔽管道及系统压力试验必须符合要求。整个采暖系统的水压试验结果，必须符合设计要求和施工规范规定。

检验方法：使用手动试压泵，检查系统或分区（段）进行试验并记录，对照水暖试压标准检查。

2）管道固定支架的位置和构造必须符合设计要求和施工规范规定。

检验方法：观察和对照设计图纸检查。

3）管道的对口焊缝处及弯曲部位严禁焊接支管，接口焊缝距起弯点、支架、吊架边缘必须大于 50mm。

检验方法：观察和尺量检查。

4）除污器过滤网的材质、规格和包扎方法必须符合设计要求和施工规范规定。

检验方法：解体检查。

5）采暖供应系统竣工时，必须检查吹洗质量情况。

检验方法：检查吹洗记录。

3.4.2 基本项目

1）管道的坡度应符合设计要求，不得有倒坡现象。

检验方法：用水准仪（水平尺）、拉线和尺量检查或检查测量记录。

2）碳素钢管道的螺纹连接螺纹应清洁、规整，无断丝或缺丝，连接牢固，管螺纹根部外露螺纹 2～3 扣，接口处无外露油麻等缺陷。

检验方法：观察或解体检查。

3）碳素钢管道的焊接焊口平直度、焊缝加强面符合设计规范规定，焊口面无烧穿、裂纹和明显结瘤、夹渣及气孔等缺陷，焊波均匀一致。如使用镀锌钢管焊接，在对焊接口质量认定合格的基础上，还需进行防腐处理。

检验方法：观察或用焊接检测尺检查。

4）阀门安装型号、规格、耐压强度和严密性试验结果符合设计要求和施工规范规定，安装位置、进出口方向正确，连接牢固紧密，启闭灵活，朝向便于操作，表面洁净。

检验方法：手扳检查和检查出厂合格证。

5）管道支（吊、托）架及管座（墩）的安装应符合以下要求：构造正确，埋设平正牢固，排列整齐，支架与管道接触紧密。

检验方法：观察或手扳检查。

6）安装在墙壁和楼板内的套管应符合以下规定：楼板内套管顶部高出地面不少于 20mm；底部与顶棚面齐平，墙壁内的套管两端与饰面平；固定牢固，管口齐平，环缝均匀。

检验方法：观察和尺量检查。

7）管道、管类和金属支架涂漆应符合以下规定：油漆种类和涂刷遍数符合设计要求，附着良好，无脱皮、起泡和漏涂，漆膜厚度均匀，色泽一致，无流淌及污染现象。

检验方法：观察检查。

3.4.3 允许偏差项目（表 1-9）

表 1-9 室内采暖管道安装的允许偏差和检验方法 （单位：mm）

项次	项目			允许偏差	检查方法
1	水平横管道纵横方向弯曲	每1m	管径≤100	1	用水平尺、直尺、拉线和尺量检查
			管径>100	1.5	
		全长（25m以上）	管径≤100	≤13	
			管径>100	≤25	
2	立管垂直度	每1m		2	吊线和尺量检查
		全长（5m以上）		≤10	
3	弯管	椭圆率	管径≤100	10%	用外卡钳和尺量检查
			管径>100	8%	
		褶皱不平度	管径≤100	4	
			管径>100	5	

3.5 成品保护及环境安全防护

1）安装好的管道不能承受吊拉负荷或做支撑，也不能蹬踩。

2）搬运材料、机具及施焊时，要有具体的防护措施，不得将已做好的墙面和地面弄脏、砸坏。

3）管道安装好后，应将阀门的手轮卸下、保管好，竣工时统一装好。

4）在安装过程中注意安全，戴好安全帽。

3.6 应注意的质量问题

1）管道坡度不均匀：造成的原因是安装干管后又开口，接口以后不调直，或吊卡松紧不一致，立管卡子未拧紧，灯叉弯不平，及管道分路预制时没有进行联接调查等。

2）立管不垂直：主要因支管尺寸不准，推、拉立管造成。分层立管上下不对正，距墙不一致，主要是剔板洞时，不吊线而造成的。

3）支管灯叉弯上下不一致：主要是因煨弯的大小不同，角度不均，长短不一造成。

4）套管在过墙两侧或预制板下面外露：主要是因套管过长或钢套管没焊架铁造成。

5）麻头清理不净：主要是因操作人员未及时清理造成。

6）试压及通暖时，管道被堵塞：主要是安装时，预留口没装临时堵，掉进杂物造成。

3.7 应具备的质量记录

1）材料设备的出厂合格证。

2）材料设备进场检验记录。

3）散热器组对试压记录。

4）采暖干管预检记录。

5）采暖立管预检记录。

6）采暖支管、散热器预检记录。

7）采暖管道的单项试压记录。

8）采暖管道隐蔽检查记录。

9）采暖系统试压记录。

10）采暖系统冲洗记录。

11）采暖系统试调记录。

3.8 学生操作评定（表1-10）

表1-10 室内采暖管道安装实操考评表

姓名： 得分：

序号	评分项目	评定方法	满分	得分
1	管材和管件是否正确，规格、尺寸是否正确，采暖设备零件规格是否标准	现场观察及检查产品安装说明，卡尺或尺量检查	20	
2	设备配件连接方法是否正确	现场观察	20	
3	安装严密，无跑水、渗漏水	现场观察，打压试验	20	
4	正确使用机具设备	现场观察	10	
5	安全防护及现场清理检查	现场观察	10	
6	现场各种记录数据正确合理	检查	10	
7	实训总结报告	检查	10	
合计			100	

考评员： 日期：

20

任务4 电工基本操作实训

4.1 实训目的与要求

实训目的：通过实训使学生熟悉和掌握各种常用电工工具名称及使用方法，学会常用电工仪表的使用方法，熟悉常用电线的品种及规格。

实训要求：4人一组，练习常用的电工工具和电工仪表的使用方法，练习导线绝缘层的剥削和导线的连接。

4.2 实训准备

1. 主要材料

单芯铝线、单芯铜线、护套线、多芯铝线、开关、插座等。

2. 作业条件

1）常用电工工具齐全。

2）常用电工仪表达到计量标准要求。

3）电线的品种及规格符合国家质量标准要求。

3. 主要机具及仪器

验电笔、钢丝钳、尖嘴钳、断线钳、剥线钳、电工刀、活扳手、冲击钻、电烙铁、电流表、电压表、数字万用表、电能表等。

4.3 操作工艺

操作流程：熟悉工具→熟悉仪表→导线剥削→导线连接。

1. 熟悉工具

1）验电器：验电器又称为电压指示器、验电笔，是用来检查导线和电器设备是否带电的工具。验电器分为高压和低压两种。

2）电工刀：电工刀是用来剖切导线、电缆的绝缘层，切割木台缺口，削制木枕的专用工具。

3）钢丝钳和尖嘴钳：钢丝钳是一种夹持或折断金属薄片、切断金属丝的工具。尖嘴钳用法和钢丝钳相似，其特点是适用于在狭小的工作空间操作，能夹持较小的螺钉、垫圈、导线及电器元件。

4）断线钳和剥线钳：断线钳是专供剪断较粗的金属丝、线材、导线、电缆的工具，剥线钳是用来剥去小直径导线绝缘层的专用工具。

2. 熟悉仪表

1）电能表：电能表是用来计量电能的仪表，即测量某一段时间内所消耗的电能。

2）数字万用表：万用表是一种可测量多种电量的多量程便携式仪表，它可以测量线路和电器元件的电压、电流和电阻等。

① 交直流电压的测量。将电源开关置于 ON 位置，根据需要将量程开关拨至"DCV（直流）"或"ACV（交流）"范围内的合适量程，红表笔插入"V/Ω"孔，黑表笔插入"COM"孔，并将测试笔连接到测试电源或负载上，读数即显示。在测量仪器仪表的交流电压时，应当用黑表笔去接触被测电压的低电位端，以消除仪表对地分布电容的影响，减少测量误差。

② 交直流电流的测量。将量程开关拨至"DCA（直流）"或"ACA（交流）"范围内的合适量程，红表笔插入"mA"孔（≤200mA 时）或"10A"孔（＞200mA 时）。黑表笔插入"COM"孔，并通过表笔将万用表串联在被测电路中即可。在测量直流电流时，数字万用表能自动转换或显示极性。

③ 电阻的测量。将量程开关拨至"Ω"范围内的合适量程，红表笔插入"V/Ω"孔，黑表笔插入"COM"孔。如果被测电阻值超出所选择量程的最大值，万用表将显示过量程"1"，这时应选择更高的量程。对于大于 1MΩ 的电阻，要几秒钟后读数才能稳定，这是正常的。当检查内部线路阻抗时，要保证被测线路所有电源切断，所有电容放电。

3. 导线绝缘层的剖削

在导线连接前，必须先剖削导线绝缘层，要求剖削后的芯线长度必须适合连接需要，不应过长或过短，且不应损伤线芯。

（1）用钢丝钳剖削塑料硬线绝缘层　线芯截面积 4mm^2 及以下的塑料硬线，一般可用钢丝钳剖削，方法如下：按连接所需长度，用钳头刀口轻切绝缘层，用左手捏紧导线，右手适当用力捏住钢丝钳头部，然后两手反向同时用力即可使端部绝缘层脱离线芯。在操作中应注意不能用力过大，切痕不可过深，以免伤及线芯。

（2）用电工刀剖削塑料硬线绝缘层　按连接所需长度，用电工刀刀口对导线成 45°角切入塑料绝缘层，注意掌握使刀口刚好削透绝缘层而不伤及线芯，然后压下刀口，夹角改为约 15°后把刀身向线端推削，把余下的绝缘层从端头处与芯线剥开，接着将余下的绝缘层翻至刀口根部后，再用电工刀切齐。

4. 导线的连接

21

导线的连接方法很多，基本要求是连接处应紧密牢固，当拉力较大时不致脱线。同时导线连接处电阻要小，不致因长期通电而使连接处发热而烧坏。

（1）单股铜芯线对接的连接　先将两根线头在离芯线根部的1/3处呈"X"形交叉，并互相绞合2~3圈。然后再扳直两线端，将每根线头在对边线芯上密绕6~8圈，剪去多余线头，且不准留有切口毛刺，如图1-8所示。

（2）单股铜芯线T形连接　单股铜芯线进行T形连接时，可将支路线芯端头与干线剥削处十字相交后绕一单结，在支路线芯根部留3~5mm，接着将支路线芯按顺时针方向在干线线芯上紧绕6~8圈，剪去多余线头，并修平毛刺，如图1-9所示。

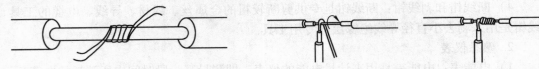

图1-8　单股铜芯线对接连接　　　　　　　图1-9　单股铜芯线T形连接

（3）七股铜芯导线的对接连接　先按多股芯线中的单股芯线直径的100~150倍长度剥除两端绝缘层，接着在端头1/3处顺着原来的扭转方向进一步绞紧，并将余下的2/3芯线头分散成伞骨状，然后把两伞骨状端头隔股对叉，并将每股芯线拉直，将七股铜芯线根数按2、2、3股分成三组，接着把第一组2股芯线扳起并垂直于芯线，然后按顺时针方向紧贴芯线缠绕两圈，再弯下扳成直角使其与芯线平行，第二组、第三组线头仍按第一组的缠绕方法紧密缠绕在芯线上，但应注意后一组扳起时，应把扳起的芯线紧贴前一组芯线已弯成直角的根部，第三组芯线应紧缠三圈，在第二圈时，剪去前两组多余的端头，并钳平，接缠最后一圈，切去多余部分、钳平毛刺。

（4）七股铜芯线的T形连接　先将干线在要连接处按支线的单根芯线直径约50~60倍长剥去绝缘层，支线端头绝缘层剥离长度约为干线单根芯线直径的80~90倍。把支线端头离绝缘根部约1/8处进一步绞紧，再把余下7/8部分的七股芯线按3股、4股分成两组，接着用一字形旋具把干线分成均匀的两组，把支路芯线4股的一组插入干线芯线缝隙中，另一组压在干线芯线前面，然后将三股芯线的一组在干线上按顺时针方向紧缠3~4圈，剪去多余导线，钳平端头，修好毛刺，四股芯线的那一组则在干线上按逆时针方向紧缠4~5圈，剪去多余导线并钳平毛刺。

4.4　施工质量控制要点

1）在割开导线的绝缘层时，不应损伤线芯。

2）进行导线连接时，导线与导线之间的接触必须紧密且具有一定的抗拉强度。

3）用测量电表测量带电的导线时，测量电表的正负极必须接对。

4.5　质量检查与验收

1. 材料要求

所用导线质量符合要求，并具有出厂合格证。

2. 质量要点

1）绝缘层剖削不能伤及导线线芯。

2）导线连接应紧密接触并具有一定的抗拉强度。

3. 验收标准和检验方法

目测。

4.6　安全环保措施

1）仪器仪表操作一定要按照规程操作。

2）用电工刀剖削导线一定要小心，不要伤及身体。

3）废弃物应按环保要求分类堆放及销毁。

4.7　学生操作评定（表1-11）

表1-11　电工基本操作实训考核评定表

姓名：　　　　得分：

序号	评分项目	评定方法	满分	得分
1	电工工具、电器仪表的认识与使用	询问	30	
2	绝缘层剖削情况	观察	10	
3	导线连接情况	观察	20	
4	安全、文明操作	观察	10	
5	工效	定额计时	10	
6	安全、环保检查	观察	10	
7	实训总结报告	检查	10	
	合计		100	

考评员：　　　　日期：

23

任务5　室内配电线路及照明器安装实训

5.1　实训目的与要求

实训目的：能够根据施工图样，确定电器安装位置、导线敷设途径及导线穿过墙壁和楼板的位置，掌握常用照明电器的安装方法。

实训要求：4人一组，按照图1-10练习室内常用的线路敷设，练习常用照明电器的安装。

5.2　实训准备

1. 主要材料

单芯铝线、单芯铜线、护套线、多芯铝线、开关、插座、灯座、线槽、灯具等。

2. 作业条件

1）房间内部已粉刷完毕。

2）常用电工工具、仪表齐备且符合要求。

3）电线、灯具、开关等达到质量标准要求。

4）作业现场要有安全防护、防火、通风措施，防止发生触电、火灾烧伤等事故。

3. 主要机具

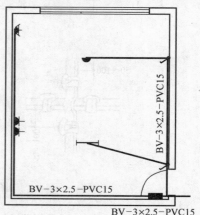

图1-10　室内配电施工图

验电笔、钢丝钳、尖嘴钳、断线钳、剥线钳、电工刀、活扳手、冲击钻、电烙铁、电流表、电压表、指针式万用表、数字万用表、电能表等。

5.3 操作工艺

操作流程：熟悉安装线路图→检查材料、电器元件→线路敷设→电器元件安装→通电试运行。

1. 熟悉安装线路图

线路敷设和照明电器安装前应熟悉电器安装图样，根据设计安装图样做材料计划，电器的型号、规格、数量要符合设计要求。

2. 检查材料、电器元件

1）导线、电器的型号、规格及外观质量必须符合设计要求和国家标准。

2）灯具配线要齐全，无机械损伤、变形等现象。

3. 线路敷设

本次实训以护套线敷设进行实训。

（1）弹线定位 根据设计图样要求，按线路的走向，找好水平和垂直线。塑料护套线的支持点位置，应根据电器的位置及导线截面大小来确定。塑料护套线配线在终端、转弯中点、电气器具或接线盒的边缘固定点的距离为50～100mm，直线部位导线中间固定点距离为150～200mm，且应平均分布。两根护套线敷设遇有十字交叉时，交叉口处的四方都应有固定点，护套线配线各固定点的位置如图1-11所示。

（2）保护管、木砖预埋 塑料护套线穿越楼板、墙壁时应用保护管保护。穿过楼板时必须用钢管保护，其保护高度距地面不应低于1.8m，如在装设开关的地方，可保护到开关的高度，塑料护套线穿过墙壁时，可用钢管、硬质塑料管或瓷管保护，其保护管突出墙面的长度为3～10mm。在配合土建施工过程中，还应将固定线卡的木砖，根据规划出的线路具体走向，预埋在准确的位置上。

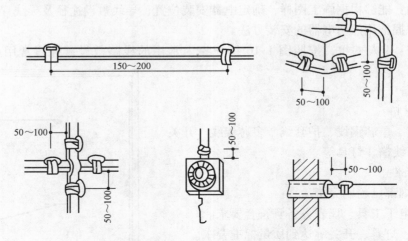

图1-11 护套线固定点位置

（3）固定铝线卡 明敷设塑料护套线，一般常采用专用的铝线卡。塑料护套线常用的固定方法有：粘接法固定铝线卡、钉装固定铝线卡、塑料钢钉电线卡。

（4）敷设护套线

1）放线。放线是保证护套线敷设质量的重要一步。为了防止护套线平面扭曲，放线时需要两人合作，一人把整盘导线套入双手中，顺势转动线圈，另一人将外圈线头向前拉。放出的护套线不可在地上拖拉，以免磨损和擦破护套层。

2）勒直、勒平护套线。在放线时因放出的护套线不可能完全平直无弯曲，可在敷设线路时，采取勒直、勒平的方法校直。

3）护套线的弯曲。塑料护套线在建筑物同一平面或不同平面上敷设，需要改变方向时，都要进行转弯处理，弯曲后导线必须保持垂直，且弯曲半径应符合规定：护套线在同一平面上转弯时，弯曲半径应不小于护套线宽度的 3 倍；在不同平面上转弯时，弯曲半径应不小于护套线厚度的 3 倍。

（5）导线连接　塑料护套线明敷设时，不应进行线与线间的直接连接，在线路中间接头和分支接头处，应装设护套线接线盒，或借用电气器具的接线桩头连接导线。在多尘和潮湿场所内应用密闭式接线盒。

4. 电器元件安装

（1）白炽平灯座安装　把瓷（胶木）平灯座与木台（塑料台）固定好，根据使用场所，如用胶木平灯座时，最好使用带台座灯头。把相线接到与平灯座中心触点相连的接线桩上，把零线接在与灯座螺口触点相连接的接线桩上。应注意在接线时防止螺口及中心触点固定螺钉松动，以免发生短路故障。

（2）简易吊链荧光灯安装　简易吊链荧光灯由木（塑料）台与吊线盒（或带台吊线盒）、荧光灯吊链、吊环、辉光启动器、镇流器和软线等组成。把两个吊线盒分别与木台固定牢，将吊链与吊环安装一体，把软线与吊链编花，并将吊链上端与吊线盒盖用 U 型钢丝挂牢，将软线分别与吊线盒接线柱和辉光启动器接线柱连接好，准备到现场安装。把电源相线接在辉光启动器的吊线盒接线柱上，把零线接在另一个吊线盒接线柱上，然后把木台固定到接线盒上。

（3）普通吸顶灯安装　普通白炽吸顶灯是直接安装在室内顶棚上的一种固定式灯具。较小的吸顶灯一般常用木台组合安装，可直接到现场先安装木台，再根据灯具的结构将其与木台安装为一体。较大些的方形或长方形吸顶灯，要先进行组装，然后再到施工现场安装；也可以在现场边组装边安装。质量 3kg 以下的吸顶灯应先把木台固定在预埋木砖上，也可用膨胀螺栓固定。质量超过 3kg 的吸顶灯，应把灯具（或木台）直接固定在预埋螺栓上，或用膨胀螺栓固定。在灯位盒上安装吸顶灯，其灯具或木台应完全遮盖住灯位盒。安装有木台的吸顶灯，在确定好的灯位处，应先将导线由木台的出线孔穿出，再根据结构的不同，采用不同的方法安装。木台固定好后，将灯具底板与木台进行固定，无木台时可直接把灯具底板与建筑物表面固定，灯具的接线应按上述有关内容进行。若灯泡与木台接近时（如半扁圆罩灯），要在灯泡与木台中间铺垫 3mm 厚的石棉板或石棉布隔热。

（4）暗扳把开关安装　暗扳把开关是一种胶木（或塑料）面板的老式通用暗装开关，通常具有两个静触点，分别连接两个接线桩，开关接线时除把相线接在开关上外，并应接成扳把向上为开灯，向下为关灯（两处控制一盏灯的除外）；然后把开关芯连同支持架固定到盒上，应该将扳把上的白点朝下面安装，开关的扳把必须安正，不得卡在盖板上；盖好开关盖板，用螺栓将盖板与支持架固定牢固，盖板应紧贴建筑物表面。双联及以上暗扳把开关，每一联即是一只单独的开关，能分别控制一盏电灯。

（5）明扳把开关安装 明配线路的场所，应安装明扳把开关。明扳把开关需要先把木（塑料）台固定在墙上，将导线甩至木（塑料）台以外，在木（塑料）台上安装开关和接线，也接成扳把向上为开灯、向下为关灯。

（6）插座安装 暗插座安装一般距地不低于0.3m，明插座安装一般距地不低于1.3m，在托儿所、幼儿园及小学校等场所宜选用安全插座，其安装高度距地面应为1.8m。潮湿场所应采用密闭型或保护型插座，安装高度不应低于1.5m。住宅使用安全插座时，安装高度可为1.3m。车间及试验室明、暗插座一般距地高度不低于1.3m，特殊场所暗装插座不应低于1.5m。

插座接线时，应仔细辨认识别盒内分色导线，正确与插座进行连接。单相双孔插座在垂直排列时，上孔接相线，下孔接零线；水平排列时，右孔接相线，左孔接零线。单相三孔插座，上孔接保护接地（零）线，右孔接相线，左孔接工作零线。交直流或电源电压不同的插座安装在同一场所时，应有明显标志便于使用时区别，且其插头与插座均不能互相插入。

5.4 施工质量控制要点

1）线路敷设在水平和垂直方向必须平直。
2）相线和零线与电器元件所接的位置一定要正确。
3）各种电器元件安装的位置必须符合规范要求。

5.5 质量检查与验收

1. 材料要求

1）所用导线质量均应符合图样要求，并具有出厂合格证。
2）选用灯具应符合图样要求。

2. 质量要点

1）所有电器元件、灯具和附件都必须安全可靠，完整无损。
2）螺口灯头必须采用安全灯头，并必须把相线连接在螺口灯头座的中心铜片上。
3）各种吊灯距离地面不得小于2m。
4）各种照明开关必须串接在相线上，一般情况开关离地高度不低于1.3m。
5）明装的开关、插座应装牢在合适的绝缘底座上，暗装的开关和插座应装牢在出线盒内，出线盒应有完整的盖板。

3. 验收标准和检验方法

1）检查导线敷设是否平直，转角部位敷设是否合理。
2）检查电器元件安装是否牢固。
3）观察灯具、开关、插座安装是否平正，高度是否符合要求。
4）检查接线是否牢固及是否损伤了线芯，绝缘缠绕包带是否符合要求。

5.6 安全环保措施

1）工具、仪器仪表一定要按照规程操作。
2）用电工刀剥削导线一定要小心，不要伤及身体。
3）线路通电前必须对线路进行绝缘性测试。
4）通电检测时应一人监护，一人操作。
5）相线、零线、接地线应接线准确。

6）更换灯具或开关时应切断电源。

7）施工过程中应有防止触电的措施。

8）废弃物应按环保要求分类堆放。

5.7 学生操作评定（表1-12）

表1-12 室内配电线路及照明器安装实操评定表

姓名：　　　　　　得分：

序号	评分项目	评定方法	满分	得分
1	导线敷设外观检查	观察	20	
2	电器元件安装是否牢固、平正	目测	10	
3	灯具安装是否正确	通电检查	30	
4	安全、文明操作	观察	10	
5	工效	定额计时	10	
6	安全、环保检查	观察	10	
7	实训总结报告	检查	10	
	合计		100	

考评员：　　　　　　日期：

顶棚装饰工程

任务 1　轻钢龙骨装饰石膏板吊顶实训

1.1　实训目的与要求

实训目的：通过实训使学生熟悉轻钢龙骨及装饰石膏面板的类型、特点，掌握一般吊顶的施工工艺和主要质量控制要点，了解一些安全、环保的基本知识，并通过实训掌握简单施工工具的操作要领。

实训要求：4 人一组完成一个不少于 20m² 的轻钢龙骨装饰石膏板吊顶工程。

1.2　实训准备

1. 主要材料

1）轻钢龙骨可选用 50 系列 U 形龙骨或 T 形龙骨及相关的吊挂件、连接件、插接件等配件。

2）按要求选用吊杆、花篮螺栓、射钉、自攻螺钉等零配件。

3）按设计要求选用边长为 600mm、厚度为 6mm 的装饰石膏板及钢铝压缝条或塑料压缝条等。

2. 作业条件

1）应按设计要求对房间的净高、洞口标高和吊顶内的管道、设备及其支架的标高进行交接检验。

2）对吊顶内的管道、设备的安装及水管试压进行验收。

3）做好技术准备和材料验收工作。

3. 主要机具

电锯、无齿锯、射钉枪、冲击电锤、电焊机、手锯、手刨、钳子、螺钉旋具、钢尺等。

1.3　施工工艺

施工工艺流程：弹标高水平线→划龙骨分档线→固定吊挂杆件→安装主龙骨→安装次龙骨→龙骨骨架全面校正→安装罩面板→安装压条。

1. 弹线

用水平仪在房间内每个墙（柱）角上抄出水平点，弹出水平线（水平线一般距地面 500mm），用水准线量至吊顶设计高度加上一层板的厚度，用粉线沿墙（柱）弹出水准线，即为吊顶次龙骨的下皮线。同时，按吊顶平面图，在混凝土顶板弹出主龙骨的位置。主龙骨应从吊顶中心向两边分，最大间距为 1000mm，并标出吊杆的固定点，吊杆的固定点间距为 900～1000mm。如遇到梁和管道固定点大于设计和规程要求，应增加吊杆的固定点。

2. 固定吊挂杆件

采用膨胀螺栓固定吊挂杆件。用冲击电锤在顶板上打孔，安装膨胀螺栓，吊杆的一端同 L30×30×3 角码焊接（角码的孔径应根据吊杆和膨胀螺栓的直径确定），另一端可用攻丝套出大于 100mm 的丝杆，或与成品丝杆焊接，制作好的吊杆应做防锈处理。不上人吊顶，吊杆长度小于 1000mm，可采用 φ6 的吊筋；若大于 1000mm，应采用 φ8 的吊筋。上人吊顶，吊杆长度小于 1000mm，可采用 φ8 的吊筋；若大于 1000mm，应采用 φ10 的吊筋。安装吊杆时还应注意：吊挂杆件应通直并有足够的承载力，当杆件需要接长时，必须搭接焊牢，焊缝要均匀饱满；吊顶灯具、风口及检修口等应增设吊杆。

3. 安装边龙骨

边龙骨的安装应按设计要求弹线，沿墙（柱）上的水平龙骨线把 L 形镀锌轻钢条用自攻螺钉固定在预埋木砖上；如为混凝土墙（柱），可用射钉固定，射钉的间距小于次龙骨间距。

4. 安装主龙骨

主龙骨吊挂在吊杆上，应平行于房间长向安装，间距应为 900～1000mm，安装时应起拱，起拱的高度为房间跨度的 1/200～1/300。主龙骨的悬臂段不应大于 300mm，否则应增设吊杆。主龙骨的接长应采取对接，相邻龙骨的对接接头要相互错开，主龙骨挂好后应调平。

跨度大于 15m 的吊顶，应在主龙骨上每隔 15m 加一道大龙骨，并垂直主龙骨焊接牢固；如有大的造型顶棚，造型部分应用角钢或方钢焊接成框架，并与楼板连接牢固。

5. 安装次龙骨

次龙骨分为明龙骨和暗龙骨两种。次龙骨有 T 形烤漆龙骨和 T 形铝合金龙骨，各种条形扣板厂家配有专用龙骨。次龙骨应紧贴主龙骨安装，间距为 300～600mm，用 T 形镀锌铁片连接件把次龙骨固定在主龙骨上，次龙骨的两端应搭在 L 形边龙骨的水平翼缘上，条形扣板有专用的阴角线做边龙骨。

6. 龙骨骨架的全面校正

对安装到位的吊顶龙骨骨架进行全面检查校正，其主次龙骨的结构位置及水平度等合格后，将所有的吊挂件及连接件拧紧和夹挂牢固，使整体骨架做到稳定可靠。

7. 石膏装饰板安装

搁置式安装：即平放搭接、明装吊顶。将装饰石膏板搭接于 T 型龙骨组装的骨架框格内，吊顶装饰面龙骨明露。板块安装时，应留有板材安装缝，每边缝隙宜≤1mm，如图2-1所示。

企口式嵌装：对于带企口棱边的装饰石膏板，采用嵌装的方法，板块边缘的开槽部位于 T 型龙骨或插片处对接，而将龙骨隐藏，成为暗装式吊顶，如图 2-2 所示。

1.4 施工质量控制要点

1）吊顶龙骨必须牢固平整。安装龙骨时应严格按放线的水平标准线和规方线组装周边骨架，龙骨的受力节点应装钉严密、牢固，保证龙骨的整体刚度。龙骨的尺寸应符合设计要求，纵横拱度均匀，互相适应。吊顶龙骨严禁有硬弯，如有，必须调直再进行固定。

2）吊顶面层必须平整。施工前应弹线，中间按平线起拱。长龙骨的接长应采用对接，相邻龙骨接头要错开,避免主龙骨向一边倾斜。龙骨安装完毕,应检查合格后再装饰面板。龙骨分格的几何尺寸必须符合设计要求和装饰面板块模数。

3)质量大于3kg的重型灯具、电扇及其他重型设备严禁安装在龙骨上。

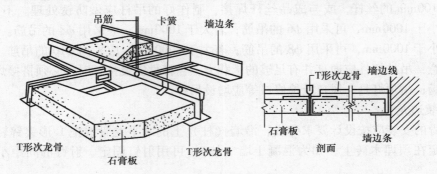

图2-1 搁置式安装详图

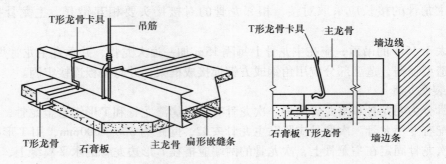

图2-2 企口式嵌装详图

1.5 质量检查与验收

根据国家标准《建筑装饰装修工程质量验收规范》(GB 50210—2001)的有关规定,吊顶工程按暗龙骨吊顶和明龙骨吊顶等分项工程进行验收。其质量标准和检验方法见表2-1 ~ 表2-4。

1.6 安全环保措施

1)吊顶工程的脚手架搭设应符合建筑施工安全标准。

2)脚手架上堆料不得超过规定荷载,脚手板应用钢丝绑扎固定,不得有探头板。

3)顶棚高度超过3m应设满堂脚手架,脚手板下应安装安全网。

4)工人操作应戴安全帽,高空作业应系安全带。

5)施工现场必须工完场清,清扫时应洒水,不得扬尘。

6)工作时有噪声的电动工具应在规定的作业时间内施工,防止噪声污染扰民。

7)废弃物应按环保要求分类堆放及消纳。

8)安装装饰面板时,施工人员应戴手套,以防污染板面和保护皮肤。

表 2-1　暗龙骨吊顶工程质量验收标准及检验方法

项目	项次	质量要求	检验方法
主控项目	1	吊顶标高、尺寸、起拱和造型应符合设计要求	观察；尺量检查
	2	饰面材料的材质、品种、规格、图案和颜色应符合设计要求	观察；检查产品合格证书、性能检测报告、进场验收记录和复验报告
	3	吊杆和龙骨的材质、规格、安装间距及连接方式应符合设计要求；金属吊杆、龙骨应经过表面防腐处理；木吊杆、龙骨应经过防腐、防火处理	观察；尺量检查；检查产品合格证书、性能检测报告、进场验收记录和隐蔽工程记录
	4	吊杆、龙骨和饰面材料的安装必须牢固	观察；手扳检查；检查隐蔽工程记录和施工日记
	5	石膏板的接缝应按其施工工艺标准进行板缝防裂处理	观察
一般项目	6	饰面材料表面应洁净、色泽一致，不得有翘曲、裂缝及缺损；压条应平直、宽窄一致	观察；尺量检查
	7	饰面板上的灯具、烟感器、喷淋头、风口篦子等设备的位置应合理、美观，与饰面板交接应吻合、严密	观察
	8	金属吊杆、龙骨的接缝应均匀一致，角缝应吻合，表面应平整，无翘曲、锤印；木质吊杆、龙骨应顺直，无劈裂、变形	检查隐蔽工程记录和施工日记
	9	吊顶内填充材料的厚度应符合设计要求，并有防散落措施	检查隐蔽工程记录和施工日记

表 2-2　暗龙骨吊顶工程安装允许的偏差和检验方法

项次	项目	允许偏差/mm				检验方法
		纸面石膏板	金属板	矿棉板	木板、塑料板、格栅	
1	表面平整度	3	2	2	2	用2m靠尺和塞尺检查
2	接缝直线度	3	1.5	3	3	拉5m线，不足5m拉通线，用钢直尺检查
3	接缝高低差	1	1	1.5	1	用钢直尺和塞尺检查

表 2-3　明龙骨吊顶工程质量验收标准及检验方法

项目	项次	质量要求	检验方法
主控项目	1	吊顶标高、尺寸、起拱和造型应符合设计要求	观察；尺量检查
	2	饰面材料的材质、品种、规格、图案和颜色应符合设计要求，当饰面材料为玻璃板时，应使用安全玻璃或采取可靠的安全措施	观察；检查产品合格证书、性能检测报告、进场验收记录和复验报告

31

（续）

项目	项次	质量要求	检验方法
主控项目	3	吊杆和龙骨的材质、规格、安装间距及连接方式应符合设计要求；金属吊杆、龙骨应经过表面防腐处理；木吊杆、龙骨应经过防腐、防火处理	观察；尺量检查；检查产品合格证书、性能检测报告、进场验收记录和隐蔽工程记录
	4	吊杆、龙骨的安装必须牢固	观察；手扳检查；检查隐蔽工程记录和施工日记
	5	饰面材料的安装应稳固严密；饰面材料与龙骨的搭接宽度应大于龙骨受力面宽度的2/3	观察；手扳检查
一般项目	6	饰面材料表面应洁净、色泽一致，不得有翘曲、裂缝及缺损；压条应平直、宽窄一致	观察；尺量检查
	7	饰面板上的灯具、烟感器、喷淋头、风口算子等设备的位置应合理、美观，与饰面板交接应吻合、严密	观察
	8	金属吊杆、龙骨的接缝应均匀一致，角缝应吻合，表面应平整，无翘曲、锤印；木质吊杆、龙骨应顺直，无劈裂、变形	检查隐蔽工程记录和施工日记
	9	吊顶内填充材料的厚度应符合设计要求，并有防散落措施	检查隐蔽工程记录和施工日记

表 2-4　明龙骨吊顶工程安装允许的偏差和检验方法

项次	项目	允许偏差/mm				检验方法
		石膏板	金属板	矿棉板	塑料板、玻璃板	
1	表面平整度	3	2	3	2	用2m靠尺和塞尺检查
2	接缝直线度	3	2	3	3	拉5m线，不足5m拉通线，用钢直尺检查
3	接缝高低差	1	1	2	1	用钢直尺和塞尺检查

1.7　成品保护

1）轻钢龙骨骨架及罩面板安装时注意保护顶棚内各种管线。轻钢龙骨骨架的吊杆、龙骨不得固定在通风管道及其他设备管道上。

2）轻钢龙骨骨架、罩面板及其他吊顶材料在入场存放、使用过程中应严格管理，保证不变形、不受潮、不生锈。

3）其他工程吊挂件不得吊在轻钢龙骨骨架上。

1.8　学生操作评定（表2-5）

表 2-5　装饰石膏板吊顶实操考核评定表

姓名：　　　　　得分：

序号	评分项目	评定方法	满分	得分
1	吊杆的材质、规格、安装间距及连接方式应符合设计要求	观察；尺量检查；检查产品合格证书、性能检测报告、进场验收记录	10	
2	龙骨的材质、规格、安装间距及连接方式应符合设计要求	观察；尺量检查；检查产品合格证书、性能检测报告、进场验收记录	15	

32

（续）

序号	评分项目	评定方法	满分	得分
3	饰面材料的材质、品种、规格、图案和颜色应符合设计要求	观察；检查产品合格证书、性能检测报告、进场验收记录	10	
4	吊杆、龙骨的安装必须牢固	观察；手扳检查；	10	
5	吊顶标高、尺寸、起拱和造型应符合设计要求	观察；尺量检查	15	
6	饰面材料的安装应稳固严密；饰面材料表面应洁净、色泽一致，不得有翘曲、裂缝及缺损；压条应平直、宽窄一致	观察；手扳检查	10	
7	饰面板上的灯具、风口算子等设备的位置应合理、美观，与饰面板交接应吻合、严密	观察；尺量检查	10	
8	安全、环保检查	观察	10	
9	实训总结报告	检查	10	
合计			100	

考评员： 日期：

任务2 木龙骨纸筋石膏板吊顶实训

2.1 实训目的与要求

实训目的：通过实训使学生掌握木龙骨跌级吊顶的施工工艺和主要质量控制要点，了解一些安全、环保的基本知识，并通过实训掌握简单施工工具的操作要领。

实训要求：4人一组完成一个不少于 20m² 的木龙骨纸筋石膏板吊顶工程。

2.2 实训准备

1. 主要材料

1）木龙骨：主龙骨截面尺寸为 40mm×60mm；次龙骨截面尺寸为 40mm×40mm。

2）纸筋石膏板：规格尺寸为 900mm×1800mm×10mm。

3）其他材料：膨胀螺栓、射钉、连接件、金属吊杆或木吊杆、防火涂料等。

2. 作业条件

1）应按设计要求对房间的净高、洞口标高和吊顶内的管道、设备及其支架的标高进行交接检验。

2）对吊顶内的管道、设备的安装及水管试压进行验收。

3）做好技术准备和材料验收工作。

3. 主要机具

电锯、无齿锯、射钉枪、冲击电锤、电焊机、手锯、手刨、钳子、螺钉旋具、钢尺等。

2.3 施工工艺

施工工艺流程：放线→木龙骨拼装→安装吊点、吊筋→固定沿墙龙骨→安装龙骨→安装罩面板。

33

1. 放线

1) 确定标高线：以地坪基准线为起点，根据设计要求在墙（柱）面上量出吊顶的高度（加上一层板的厚度），并在该点画出标高线（作为吊顶龙骨的下皮线）。可用水准仪或"水柱法"测定。

2) 确定造型位置线：根据设计要求，在顶棚或墙面上画出造型的具体位置。

3) 确定吊点位置：按每平方米一个均匀布置，但在承重部位、叠级吊顶处、安装灯具处应增设吊点。

2. 木龙骨的拼装

木龙骨在吊装前，应在楼（地）面上进行拼装，拼装的面积一般不超过 $10m^2$。龙骨拼装的方法常采用咬口半榫扣接拼装法，具体做法：在龙骨上开槽，将槽与槽之间进行咬口拼装，槽内涂胶并用钉子固定，如图 2-3 所示。

3. 安装吊点、吊筋

吊点常用膨胀螺栓、预埋件等，吊筋可用钢筋、角钢或方木，吊点与吊筋之间可采用焊接、绑扎、钩挂、螺栓或螺钉等方式连接。

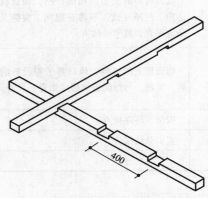

图 2-3　龙骨拼装连接示意图

4. 固定沿墙龙骨

用冲击钻在标高线上方打孔，孔内衬塞木楔，将沿墙龙骨钉在木楔上。

5. 龙骨吊装固定

用钢丝将拼装好的木龙骨吊直在标高线以上，临时固定，用棒线绳或尼龙线沿吊顶标高线拉出几条平行线和对角交叉线，以此为准，将龙骨慢慢移动至与标高线平齐，然后与吊筋连接固定。用同样方法对叠级吊顶龙骨进行固定，按图 2-4 将上下两级龙骨连接起来。

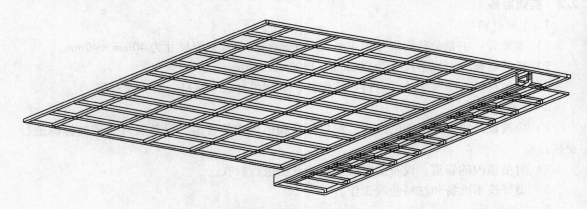

图 2-4　叠级吊顶龙骨示意图

6. 龙骨调平、起拱

整个龙骨连接后，在吊顶底面下拉出对角交叉线，检查调整吊顶的平整度，面积较大时可起拱，起拱高度约为房间跨度的 1/200～1/300。

7. 安装纸筋石膏板

用自攻螺钉把纸筋石膏板铺钉在龙骨上，安装时应注意：

1）石膏板的长边必须与次龙骨呈垂直交叉状态，使端边落在次龙骨中央部位。

2）石膏板应在自由状态下进行安装，固定时应从中央向板的四边顺序固定，石膏板与墙面应留出 6mm 间隙。

3）螺钉与板边的距离以 10～15mm 为宜，自攻螺钉的钉距 ≤200mm（可选 150～170mm）。

4）板材装钉完成后，用石膏腻子填抹板缝和钉孔，用接缝纸带或玻璃纤维网格胶带等板缝补强材料粘贴板缝，各道嵌缝均应在前一道嵌缝腻子干燥后再进行。

2.4 施工质量控制要点

1）吊顶龙骨必须牢固平整。安装龙骨时应严格按放线的水平标准线和规方线组装周边骨架，龙骨的受力节点应装钉严密、牢固，保证龙骨的整体刚度。龙骨的尺寸应符合设计要求，纵横拱度均匀，互相适应。吊顶龙骨严禁有硬弯，如有，必须调直再进行固定。

2）吊顶面层必须平整。施工前应弹线，中间按平线起拱。长龙骨的接长应采用对接，相邻龙骨接头要错开，避免主龙骨向侧边倾斜。龙骨安装完毕，应检查合格后再装饰面板。龙骨分格的几何尺寸必须符合设计要求和装饰面板块模数。

3）大于 3kg 的重型灯具、电扇及其他重型设备严禁安装在龙骨上。

2.5 质量检查与验收

1）木龙骨的选材标准及其制作和装配，应按国家标准《木结构工程施工质量验收规范》（GB 50206—2012）等的有关规定执行。承重木结构方木材料的含水率应不大于 25%；对于腐朽、木节、斜纹、裂缝等缺陷，应严格控制在承重方木的允许范围之内。

2）罩面板表面平整、洁净、颜色一致，无脱层、翘曲、折裂、污染、缺棱掉角等缺陷。

3）木龙骨跌级纸筋石膏板吊顶质量标准和检验方法，见表 2-2、表 2-4。

2.6 安全环保措施

1）吊顶龙骨按规定进行防火和防腐处理，吊杆布置合理、顺直，金属吊杆和挂件应进行防锈处理，龙骨安装牢固可靠，四周平顺。

2）吊顶罩面板与龙骨连接紧密牢固，板缝应进行防裂嵌缝，安装双层板时，上下板缝应错开。

3）吊顶内填充的吸声、保温材料的品种和铺设厚度应符合设计要求，并应有防散落措施。

4）灯具、电扇等设备的安装必须牢固，重量大于 3kg 的灯具或电扇以及其他质量较大的设备，严禁安装在龙骨上，应另设吊挂件与结构连接。

5）玻璃吊顶应采用安全玻璃，搭接宽度和连接方法应符合设计要求。

6）吊顶所用材料符合国家环保标准中的环保指标。

2.7 成品保护

1）木龙骨骨架及罩面板安装时注意保护顶棚内各种管线。木龙骨骨架的吊杆、龙骨不得固定在通风管道及其他设备管道上。

2）木龙骨骨架、罩面板及其他吊顶材料在入场存放、使用过程中应严格管理，保证不变形、不受潮、不生锈。

3）其他工程吊挂件不得吊在木龙骨骨架上。

2.8 学生操作评定（表2-6）

表2-6 木龙骨跌级纸筋石膏板吊顶实操考核评定表

姓名： 得分：

序号	评分项目	评定方法	满分	得分
1	吊杆的材质、规格、安装间距及连接方式应符合设计要求	观察；尺量检查；检查产品合格证书、性能检测报告、进场验收记录	10	
2	龙骨的材质、规格、安装间距及连接方式应符合设计要求	观察；尺量检查；检查产品合格证书、性能检测报告、进场验收记录	15	
3	饰面材料的材质、规格应符合设计要求	观察；检查产品合格证书、性能检测报告、进场验收记录	10	
4	吊杆、龙骨的安装必须牢固	观察；手扳检查	10	
5	吊顶标高、尺寸、起拱和造型应符合设计要求	观察；尺量检查	15	
6	饰面材料表面应洁净、平整，不得有翘曲、裂缝及缺损	观察；尺量检查	10	
7	饰面板上的灯具、风口箅子等设备的位置应合理、美观，与饰面板交接应吻合、严密	观察；尺量检查	10	
8	安全、环保检查	观察	10	
9	实训总结报告	检查	10	
合计			100	

考评员： 日期：

墙柱面装饰工程

任务1　内墙一般抹灰实训

1.1　实训目的与要求

实训目的：通过本实训，使学生掌握一般抹灰的基本操作过程，掌握常见抹灰工具的使用方法。

实训要求：混凝土砌块基层，20mm 厚混合砂浆打底，2mm 厚纸筋灰罩面。2 人一组，完成 20m² 砌块墙混合砂浆抹灰操作。操作要严格按照标准和工艺要求进行，使理论学习和操作技能结合起来，培养学生的创造力。操作时要按照安全、文明生产的规程和规定进行，养成良好的工作作风。

1.2　实训准备

1. 主要材料

1）水泥：一般采用强度等级为 32.5 或 42.5 的矿渣硅酸盐水泥或普通硅酸盐水泥。水泥应有出厂合格证及性能检测报告。水泥进场需核查其品种、规格、强度等级、出厂日期等，并进行外观检查，做好进场验收记录。

2）砂：采用中砂，平均粒径为 0.35~0.5mm，砂颗粒要求坚硬洁净，不得含有草根、树叶等其他杂质。砂在使用前应根据使用要求用不同孔径的筛子过筛。

3）石灰膏：应用块状生石灰淋制，淋制时使用的筛子其孔径不大于 3mm×3mm，并储存在沉淀池中。熟化时间，常温一般不少于 15d，但不多于 30d。石灰膏内不应含有未熟化颗粒和杂质。

4）麻刀：必须均匀、柔软、干燥、不含杂质，长度为 10~30mm。

2. 作业条件

1）结构工程全部完成，并经有关部门验收，达到合格标准。

2）抹灰前应检查门窗的位置是否正确，与墙体连接是否牢固。连接处和缝隙应用1:3水泥砂浆或1:1:6水泥混合砂浆分层嵌塞密实。铝合金门窗框缝隙所用嵌缝材料应符合设计要求，并事先粘贴好保护膜。

3）砖墙、混凝土墙、加气混凝土墙基体表面的灰尘、污垢和油渍等，应清理干净，并洒水湿润。

4）阳台栏杆、挂衣铁件、预埋铁件、管道等应提前安装好，结构施工时墙面上的预留孔洞应提前堵塞严实，将柱、过梁等凸出墙面的混凝土剔平，凹处提前刷净，用水浸透后，再用1:3水泥砂浆或1:1:6水泥混合砂浆分层补平。

5）管道穿越墙洞、楼板洞应及时安放套管，并用1:3水泥砂浆或细石混凝土填嵌密实；

电线管、消火栓箱、配电箱安装完毕，并将背后露明部分钉好钢丝网；接线盒用纸堵严。

6）抹灰前应检查基体表面的平整，以决定其抹灰厚度。抹灰前应在大角的两面、阳台、窗台、镶脸两侧弹出抹灰层的控制线，以作为打底的依据。

7）已弹好楼面+50cm或+100cm水平标高线。

3. 主要机具

砂浆搅拌机、纸筋灰搅拌机、平锹、筛子、手推车、灰桶、2m靠尺板、线坠、钢卷尺、方尺、托灰板、铁抹子、木抹子、塑料抹子、八字靠尺、阴阳角抹子等。

4. 砂浆的拌制

1）严格按要求配料。

2）采用机械拌制石灰砂浆时，应先投入适量的水、砂、石灰膏，搅拌时间约1min左右，再按配合比投入水泥及其余的水。

3）采用人工搅拌时，应将水泥与砂干拌均匀，同时将石灰膏加水拌成稀浆，最后混合拌制均匀，稠度适宜为准。

1.3 施工工艺

内墙抹灰一般过程：基层处理→墙面浇水→贴灰饼、冲筋→做护角→抹石灰砂浆→抹罩面灰。

1. 基层处理

清除表面杂物、尘土、砂浆等附着物。

2. 墙面浇水

抹灰作业前，应用橡胶管自上而下徐徐浇水湿润墙面基层，使墙面全部湿润，渗水深度达到8~10mm为宜，切勿使墙处于饱和状态。

3. 贴灰饼、冲筋

首先用托线板检查墙体基层表面垂直度和平整度，根据检查情况和抹灰总厚度要求，决定墙面抹灰厚度。然后在距转角100mm、高为2m处，做一个大小为50mm×50mm的灰饼，并在距地面200mm处再做一个同样的灰饼，厚度均为抹灰层厚度。在做好两端灰饼之后，以这两个灰饼为依据拉通线，以此准线，每隔1.2~1.5m做一个同样大小的灰饼。注意灰饼最厚不得超过25mm，最薄处不得小于7mm。

冲筋就是在上下两个灰饼之间抹出一条长梯形灰埂，其宽度为100mm左右，厚度与灰饼相平，作为墙面抹灰填平的标准。冲筋一般冲竖筋，先在两个灰饼之间抹一层，第二遍抹成梯形并比灰饼凸出10mm左右，然后用长木杠紧贴灰饼来回搓，直至把标筋搓得与灰饼一样平为止。

4. 做护角

一般抹灰要做暗护角线，室内的墙面及门窗洞口的阳角，宜用1:2水泥砂浆做暗护角，其高度不低于2m，每侧宽度不应小于50mm。厚度以门窗框离墙面的空隙为准，而另一面（大面墙）的厚度以墙面抹灰层厚度为准，护角线也可起冲筋的作用。

5. 抹石灰砂浆

砖墙面抹石灰砂浆的操作包括装档、刮杠、搓平。石灰砂浆要分层施工，底层灰一般在冲筋完成2h后，待砂浆达到一定强度，刮尺操作不致损坏时即可进行。底层抹灰要薄，使砂浆嵌入砖缝内。中层灰要待底层灰稍收水（用手指按压不软，但有指印和潮湿感）后进

38

行。中层砂浆抹至略高于标筋（约 10mm），以便刮尺后与标筋相平。中层灰刮平，采用大刮尺紧贴标筋将灰刮平，最后采用木抹子搓实。墙的阴角处，先用刮尺横竖刮平，再用方尺上下检查方正，然后用木质阴角器上下搓平找直，使室内阴角方正，如图3-1所示。

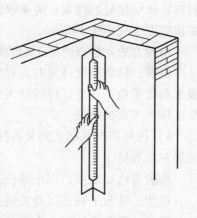

墙的阴角抹灰时，先将靠尺在墙角的一面用线坠找直，然后在墙角的另一面顺靠尺抹上砂浆。

6. 抹罩面灰

面层采用纸筋灰作罩面材料时，一般要求中层砂浆七八成干（若中层较干，可适当洒水湿润）时进行罩面。操作时，由阴角或阳角开始，一般为两次成活，自左向右，两人配合。一人先抹竖向（或横向）一次，左手拿

图 3-1　阴角刮平找直

托灰板，右手拿抹子薄薄抹一层，使罩面灰与中层砂浆紧密结合；另一人再横向（或竖向）加抹第二层，并要压平、压光。最后再用排笔蘸水刷一遍，使表面光泽一致，使用抹子再压实、压光一次。阴阳角分别用阴角或阳角抹子搓光。

1.4　施工质量控制要点

1）为防止门窗洞口、墙面、踢脚板、墙裙上口抹灰空鼓裂缝，施工时应重视门窗框塞缝工序，应设专人负责；基层应认真清理并提前浇水，使水渗入砖墙内达 8~10mm；应根据不同基层采用不同的配合比配制的砂浆，同时要加强对原材料和配合比的管理。

2）抹灰前应认真挂线，做灰饼和冲筋，阴阳角处也要冲筋、顺杠、找规矩，以免出现抹灰面不平、阴阳角不垂直、不方正现象。

3）操作时应认真，按规范要求吊垂直，拉线找直、找方，对上口进行处理，应待大面抹完后，及时返尺把上口抹平、压光，取走靠尺后用阳角抹子，将角摺成小圆。

4）在暖气槽两侧、上下窗口墙角抹灰时，应按规范要求吊直，上下窗口墙角应使用通长靠尺，上下层同时操作，一次做好不显接槎。

5）为防止管道后抹灰不平、不光，管根空裂，施工时应按规范安放过墙套管，管后抹灰应采用专用工具，如长抹子（或称大鸭嘴抹子）、刮刀等。

6）为保证阴角的顺直，必须用横杠检查底灰是否平整，修整后方可罩面。

1.5　质量检查与验收

1）抹灰前基层表面的尘土、污垢、油渍等应清除干净，并应洒水润湿。

检验方法：检查施工记录。

2）一般抹灰所用材料的品种和性能应符合设计要求。水泥的凝结时间和安定性复验应合格。砂浆的配合比应符合设计要求。

检验方法：检查产品合格证书、进场验收记录、复验报告和施工记录。

说明：材料质量是保证抹灰工程质量的基础，因此抹灰工程所用材料如水泥、砂、石灰膏、有机聚合物等应符合设计要求及国家现行产品标准的规定，并应有出厂合格证；材料进场时应进行现场验收，不合格的材料不得用在抹灰工程上，对影响抹灰工程质量与安全的主要材料的某些性能，如水泥的凝结时间和安定性，应进行现场抽样复验。

3）抹灰工程应分层进行。当抹灰总厚度大于或等于 35mm 时，应采取加强措施。不同

材料基体交接处的抹灰，应采取防止开裂的加强措施，当采用加强网时，加强网与各基体的搭接宽度不应小于100mm。

检验方法：检查隐蔽工程验收记录和施工记录。

说明：抹灰厚度过大时，容易产生起鼓、脱落等质量问题；不同材料基体交接处，由于吸水和收缩性不一致，接缝处表面的抹灰层容易开裂，上述情况均应采取加强措施，以切实保证抹灰工程的质量。

4）抹灰层与基层之间及各抹灰层之间必须粘结牢固，抹灰层应无脱层、空鼓，面层应无爆灰和裂缝。

检验方法：观察；用小锤轻击检查；检查施工记录。

说明：抹灰工程的质量关键是粘结牢固，无开裂、空鼓与脱落。如果粘结不牢，出现空鼓、开裂、脱落等缺陷，会降低对墙体的保护作用，且影响装饰效果。经调研分析，抹灰层之所以出现开裂、空鼓和脱落等质量问题，主要原因是基体表面清理不干净，如：基体表面尘埃及疏松物、脱模剂和油渍等影响抹灰粘结牢固的物质未彻底清除干净；基体表面光滑，抹灰前未作毛化处理；抹灰前基体表面浇水不透，抹灰后砂浆中的水分很快被基体吸收，使砂浆质量不好，使用不当；一次抹灰过厚，干缩率较大等，都会影响抹灰层与基体的粘结牢固。

5）一般抹灰工程的表面质量应符合下列规定：

① 普通抹灰表面应光滑、洁净、接槎平整，分格缝应清晰。

② 高级抹灰表面应光滑、洁净、颜色均匀、无抹纹，分格缝和灰线应清晰美观。

检验方法：观察；手摸检查。

6）护角、孔洞、槽、盒周围的抹灰表面应整齐、光滑；管道后面的抹灰表面应平整。

检验方法：观察。

7）抹灰层的总厚度应符合设计要求；水泥砂浆不得抹在石灰砂浆层上；罩面石膏灰不得抹在水泥砂浆层上。

检验方法：检查施工记录。

8）抹灰分格缝的设置应符合设计要求，宽度和深度应均匀，表面应光滑，棱角应整齐。

检验方法：观察；尺量检查。

9）有排水要求的部位应做滴水线（槽）。滴水线（槽）应整齐顺直，滴水线应内高外低，滴水槽宽度和深度均不应小于10mm。

检验方法：观察；尺量检查。

10）一般抹灰工程质量的允许偏差和检验方法应符合表3-1的规定。

1.6 安全环保措施

1）施工垃圾要集中堆放，严禁将垃圾随意堆放或抛撒。施工垃圾应由合格单位组织消纳，严禁随意消纳。

2）大风天严禁筛制砂料、石灰等材料。

3）砂子、石灰、散装水泥要集中存放，不得露天存放。

4）清理现场时，严禁将垃圾杂物从窗口、洞口、阳台等处抛撒，以防造成粉尘污染。

5）遇恶劣天气（如风力在六级以上），影响安全施工时，严禁高空作业。

6）施工现场的脚手架、防护设施、安全标志和警告牌，不得擅自拆动。脚手架不得搭设在门窗、暖气片、洗脸池等非承重的器物上。

表 3-1　一般抹灰的允许偏差和检验方法

项次	项目	允许偏差/mm		检验方法
		普通抹灰	高级抹灰	
1	立面垂直度	4	3	用2m垂直检测尺检查
2	表面平整度	4	3	用2m靠尺和塞尺检查
3	阴阳角方正	4	3	用直角检测尺检查
4	分格条（缝）直线度	4	3	拉5m线，不足5m拉通线，用钢直尺检查
5	墙裙、勒脚上口直线度	4	3	拉5m线，不足5m拉通线，用钢直尺检查

注：1. 普通抹灰，本表第3项阴角方正可不检查。

　　2. 顶棚抹灰，本表第2项表面平整度可不检查，但应平顺。

7）在室内抹灰的高凳上铺脚手板时，宽度不应少于两块（50cm）脚手板，间距不大于2m。移动高凳时上面不得站人，作业人员最多不得超过2人。高度超过2m时，应由架子工搭设脚手架。

8）对安全帽、安全网、安全带要定期检查，不符合要求的严禁使用。

9）无论是搅拌砂浆还是抹灰操作，注意防止灰浆溅入眼内而造成伤害。

1.7　成品保护

1）抹灰前必须事先把门窗框与墙连接处的缝隙用水泥砂浆嵌塞密实（铝合金门窗框应留出一定间隙填塞嵌缝材料，其嵌缝材料由设计确定）；门口钉设铁皮或木板保护。

2）要及时清扫干净残留在门窗框上的砂浆。铝合金门窗框必须有保护膜，并保持到快要竣工需清擦玻璃时为止。

3）推小车或搬运东西时，要注意不要损坏墙面阳角抹灰和墙面。抹灰用的大杠和铁锹把不要靠在墙上。严禁蹬踩窗台，防止损坏其棱角。

4）拆除脚手架要轻拆轻放，拆除后材料码放整齐，不要撞坏门窗、墙面。

5）要保护好墙上的预埋件、窗帘钩、通风算子等。墙上的电线槽、盒、水暖设备预留洞等不要随意抹死。

6）抹灰层凝结前，应防止快干、水冲、撞击、振动和挤压，以保证灰层有足够的强度。

7）要注意保护好楼地面面层，不得直接在楼地面上拌灰。

41

1.8 学生操作评定（表 3-2）

表 3-2 内墙石灰砂浆抹灰实操考评表

姓名：　　　　　　　　得分：

序号	评分项目	检查方法	满分	得分
1	表面平整	2m 托线板与塞尺检查	10	
2	垂直度	2m 托线板检查	10	
3	无接槎起泡	目测	10	
4	无裂缝空鼓	目测	10	
5	无抹纹	目测	10	
6	表面压光	目测	10	
7	阳角方正	方尺检查	10	
8	尺寸	用 2m 卷尺检查	10	
9	安全文明操作	目测	10	
10	工效	定额计时	10	
合计			100	

考评员：　　　　　　　　日期：

任务2　内墙饰面砖镶贴实训

2.1　实训目的与要求

实训目的：掌握内墙饰面砖镶贴的施工工艺和主要的质量控制要点，掌握常用饰面砖镶贴工具的使用方法。

实训要求：2 人一组，完成 10m² 的砖墙面贴白色饰面砖操作（镶贴排列方式采用直缝，如图 3-2 所示）。

2.2　实训准备

1. 主要材料

1）水泥：采用强度等级为 42.5 的普通硅酸盐水泥或矿渣硅酸盐水泥，应有出厂证明或复验单，若出厂超过三个月，应按试验结果使用。

2）白水泥：采用强度等级为 42.5 的白水泥。

3）砂子：粗砂或中砂，用前过筛。

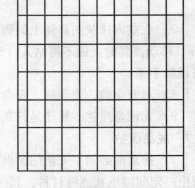

图 3-2　直缝镶贴排列

4）面砖：面砖的表面应光洁、方正、平整、质地坚固。不得有缺棱、掉角、暗痕和裂纹等缺陷。不同规格的面砖要分别堆放。同规格的面砖用套模筛分成大、中、小三类，再根据各类面砖的数量分别确定使用部位。粘贴砖还必须选配有关的配件砖收口。选用的饰面砖其质量和性能均应符合国家现行标准的规定。釉面砖的吸水率不得大于 10%。

5）白乳胶和矿物颜料等。

2. 作业条件

1）墙面基层清理干净，窗台、窗套等事先砌筑好。隐蔽部位的防腐、填嵌应处理好，并用 1:3 水泥砂浆将门窗框、洞口缝隙塞严实。

2）按面砖的尺寸、颜色进行选砖，并分类存放备用。

42

3）室内应搭设双排架子或钉高凳，脚手架间距应满足安全规范的要求，同时应留出施工操作空间。架子的步高和凳高、长要符合施工要求和安全操作规程。

4）脸盆架、管卡、水箱、煤气设备安装等预埋件提前安装好，位置正确。

5）管、线、盒等安装完并验收合格。

3. 主要机具

筛子、水桶、木抹子、铁抹子、中杠、靠尺、方尺、水平尺、灰勺、毛刷、钢丝刷、笤帚、锤子、钢片开刀、小灰铲等。

2.3 施工工艺

内墙饰面砖施工过程：基层处理→抹底子灰→抄平弹线→做标志块→垫尺排底砖→浸砖、镶贴→边角收口→擦缝。

1. 基层处理

清理墙面残余砂浆、灰尘、污垢、油漬，并提前一天浇水湿润。

2. 抹底子灰

分层分遍抹1:3水泥砂浆。木杠刮平后，用木抹子搓毛，总厚度应控制在15mm左右。表面要平整、垂直、方正、粗糙，隔天浇水养护。

3. 抄平弹线

当要求满墙贴砖时，先在与顶棚交接的墙面上弹水平控制线（如果已有50cm线也可利用），再进行排砖设计。采用直缝排列方式，饰面砖缝宽度可在1~1.5mm中变化。根据水平和垂直控制线，弹出竖向每块砖的分格线，水平可采取挂立线扯水平准线的方法解决。

4. 做标志块

铺贴前应确定水平及竖向标志，根据砂浆粘贴厚度及饰面砖的厚度用砂浆把小块饰面砖贴在底面砂浆层上，并用托线板靠直，作为挂线的标志，如图3-3所示。

5. 垫尺排底砖

按最下一皮瓷砖的上口交圈线反量标高垫好底尺板，作为最下一皮砖的下口标准和支托。底尺板面须用水平尺测平后垫实摆稳。垫点间距应以不致弯曲变形为准。底砖应与第一层皮数相吻合，要求底砖排法合理，上口平直，阳角方正，与标志块共面，立缝均匀。检查无误后，再进行大面积镶贴，如图3-4所示。

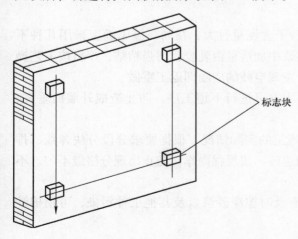

图3-3 做标志块

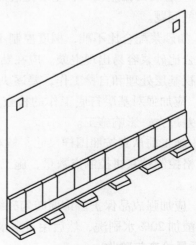

图3-4 排底砖

6. 浸砖、镶贴

饰面砖铺贴前先进行挑选，使其规格一致，砖面平整方正。放入净水中浸泡2h以上，晾干表面水分。铺贴自下而上，自右而左进行。从阳角开始，左手平托饰面砖，右手拿灰铲，把粘贴砂浆打在饰面砖背面，厚度由标志块决定，以水平准线和垂直控制线为准贴于墙面上，用力压紧，用铲柄轻击饰面砖使其吻合于控制标志。每铺贴完一行后，用靠尺校正上口与大面，不合格的地方及时修理合格。第一皮贴完后贴第二皮，逐皮向上，用同样贴法直至完成，但一面墙不宜一次铺贴到顶，以防塌落。

7. 边角收口

饰面砖上口到顶可采用压条，如没有压条，可采用一面圆的饰面砖。阳角的大面一侧用一面圆的饰面砖，这一排的最上面一块应用二面圆的饰面砖，如图3-5所示。大面贴完后再镶贴阴阳角、凹槽等配件收口砖，最后全面清理干净。

8. 擦缝

饰面砖粘贴完后，即用铲刀将砖缝间挤出的余浆铲去。沿砖边一边铲一次，然后清除铲下的余渣，再用棉纱蘸水将砖擦净后，调制白水泥成粥状，用铲刀将白水泥浆把缝隙刮满、刮实、刮严，注意缝隙均匀，溢出的水泥浆随手揩抹干净。最后用干净棉纱擦出饰面砖本色。

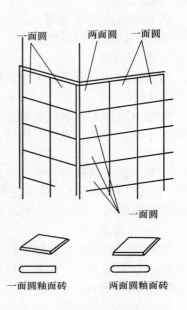

图3-5 边角收口

2.4 施工质量控制要点

1）为保证施工质量，防止出现空鼓、脱落现象，施工时应注意：

① 因冬季气温低，砂浆受冻，到来年春天化冻后容易发生脱落，因此在进行贴面砖操作时应保持正温。

② 基层表面偏差较大，基层处理或施工不当，面层就容易产生空鼓、脱落，施工时应避免这些问题。

③ 如砂浆配合比不准，稠度控制不好，砂子含泥量过大，在同一施工面上采用几种不同的配合比砂浆容易出现空鼓。应在贴面砖砂浆中加适量白乳胶，增强粘结，严格按工艺操作，重视基层处理和自检工作，要逐块检查，发现空鼓的应随即返工重做。

2）应加强对基层打底工作的检查，合格后方可进行下道工序。防止造成外墙面垂直、平整偏差过大，影响施工。

3）施工前认真按照图样尺寸，核对结构施工的实际情况，根据要求分段分块弹线、排砖，严格控制贴灰饼控制点数量，施工中仔细选砖，按规程操作，防止出现分格缝不匀、不直现象。

4）应加强成品保护。饰面砖勾完缝后没有及时擦净砂浆以及其他工种污染，可用棉纱蘸稀盐酸加20%水刷洗，然后用自来水冲净。

2.5 质量检查与验收

1）饰面砖的品种、规格、图案、颜色和性能应符合设计要求。

检验方法：观察；检查产品合格证书、进场验收记录、性能检测报告和复验报告。

2）饰面砖粘贴工程的找平、防水、粘结和勾缝材料及施工方法应符合设计要求及国家现行产品标准和工程技术标准的规定。

检验方法：检查产品合格证书、复验报告和隐蔽工程验收记录。

3）饰面砖粘贴必须牢固。

检验方法：检查样板间粘结强度检测报告和施工记录。

4）满粘法施工的饰面砖工程应无空鼓、裂缝。

检验方法：观察；用小锤轻击检查。

5）饰面砖表面应平整、洁净、色泽一致，无裂痕和缺损。

检验方法：观察。

6）阴阳角处搭接方式、非整砖使用部位应符合设计要求。

检验方法：观察。

7）墙面突出物周围的饰面砖应整砖套割吻合，边缘整齐。墙裙、贴脸突出墙面的厚度应一致。

检验方法：观察；尺量检查。

8）饰面砖接缝应平直、光滑，填嵌应连续、密实，宽度和深度应符合设计要求。

检验方法：观察；尺量检查。

9）有排水要求的部位应做滴水线（槽）。滴水线（槽）应顺直，流水坡向正确，坡度应符合设计要求。

检验方法：观察；用水平尺检查。

10）饰面砖粘贴的允许偏差和检验方法应符合表 3-3 的规定。

表 3-3　饰面砖粘贴的允许偏差和检验方法

项次	项　　目	允许偏差/mm		检验方法
		外墙面砖	内墙面砖	
1	立面垂直度	3	2	用 2m 垂直检测尺检查
2	表面平整度	4	3	用 2m 靠尺和塞尺检查
3	阴阳角方正	3	3	用直角检测尺检查
4	接缝直线度	3	2	拉 5m 线，不足 5m 拉通线，用钢直尺检查
5	接缝高低差	1	0.5	用钢直尺和塞尺检查
6	接缝宽度	1	1	用钢直尺检查

2.6　安全环保措施

1）在施工过程中防止噪声污染，在噪声敏感区域宜选择使用低噪声的设备，也可以采取其他降低噪声的措施。

2）胶粘剂等材料必须符合环保要求，无污染。

3）操作前检查脚手架和脚手板是否搭设牢固，高度是否符合操作要求，合格后才能上架操作，凡不符合安全之处应及时修整。

4）禁止穿硬底鞋、拖鞋、高跟鞋在架子上的工作，架子上的人不得集中在一起，工具要搁置稳定，以防止坠落伤人。

5）在两层脚手架上同时操作时，应尽量避免在同一垂直线上工作，必须同时工作时，下层操作者必须戴安全帽，并应设置防护措施。

6）抹灰时应防止砂浆进入眼内；采用竹片和钢筋固定八字靠尺板时，应防止竹片或钢筋回弹伤人。

7）饰面砖墙面作业时，砖碎片不得向外抛扔。

8）使用电钻、砂轮等手持电动机具，必须装有漏电保护器，作业前应试机检查，作业时应戴绝缘手套。

2.7 成品保护

1）及时清擦干净残留在门框上的砂浆，铝合金等门窗应粘贴保护膜，以防污染、锈蚀，施工人员应加以保护，不得碰坏。

2）合理安排施工顺序，专业工种应施工在前，防止损坏面砖。

3）各抹灰层在凝结前应防止风干、水冲和振动，以保证粘结层有足够的强度。

4）搬、拆架子时注意不要碰撞墙面。

5）装饰材料和饰件以及饰面的构件，在运输、保管和施工过程中，必须采取措施防止损坏。

2.8 学生操作评定（表3-4）

表 3-4　内墙饰面砖粘贴实操考评表

姓名：　　　　　得分：

序号	评分项目	评定方法	满分	得分
1	立面垂直度	用2m垂直检测尺检查	10	
2	表面平整度	用2m靠尺和塞尺检查	10	
3	阴阳角方正	用直角检测尺检查	10	
4	接缝直线度	拉5m线，不足5m拉通线，用钢直尺检查	10	
5	接缝高低差	用钢尺和塞尺检查	10	
6	接缝宽度	用钢直尺检查	10	
7	表面清洁	目测	10	
8	无空鼓、裂缝	用小锤轻击检查	10	
9	安全、文明操作	目测	10	
10	工效	定额计时	10	
	合计		100	

考评员：　　　　　日期：

任务3　内墙陶瓷锦砖镶贴实训

3.1 实训目的与要求

实训目的：掌握墙面陶瓷锦砖镶贴的操作过程，了解其质量验收要点。

实训要求：3人一组，在砖墙（或混凝土）基层上镶贴规定面积（约10m²）的陶瓷锦砖。

3.2 实训准备

1. 主要材料

1）水泥：强度等级为42.5的矿渣硅酸盐水泥或普通硅酸盐水泥，应有出厂证明或复验单，若出厂超过3个月，应按试验结果使用。

2）白水泥：强度等级为42.5的白水泥。

3）砂子：粗砂或中砂，用前过筛。

4）陶瓷锦砖：应表面平整，颜色一致，每张长宽规格一致，尺寸正确，边棱整齐。锦砖脱纸时间不得大于40min。

5）白乳胶和矿物颜料等。

2. 作业条件

1）根据设计图样要求，按照建筑物各部位的具体做法和工程量，事先挑选出颜色规格一致的陶瓷锦砖，分别堆放并保管好。

2）预留孔洞及排水管等应处理完毕，门窗框、扇要固定好，并用1∶3水泥砂浆将缝隙堵塞严实。铝合金门窗框边缝所用嵌缝材料应符合设计要求，且塞堵密实，并事先粘贴好保护膜。

3）脚手架或吊篮提前支设好，最好选用双排架子（室外高层宜采用吊篮，多层也可采用桥式架子等），架子的步高要符合施工要求。

4）墙面基层要清理干净，脚手眼堵好。

3. 主要机具

磅秤、筛子、手推车、灰桶、小水桶、平锹、木抹子、钢板抹子、开刀、水平尺、方尺、靠尺板、大杠、中杠、小杠、灰勺、米厘条、毛刷、钢丝刷、笤帚、锤子、小型台式砂轮、勾缝托灰板、托线板等。

3.3 施工工艺

内墙陶瓷锦砖镶贴施工过程：基层处理→吊垂直、套方、找规矩、贴灰饼→抹底子灰→弹控制线→贴陶瓷锦砖→揭纸、调缝→擦缝。

1. 基层为混凝土墙面的操作方法

（1）基层处理 首先将凸出墙面的混凝土剔平，对大钢模施工较光滑的混凝土墙面应凿毛，并用钢丝刷满刷一遍，再浇水湿润，并用水泥∶砂∶界面剂=1∶0.5∶0.5的水泥砂浆对混凝土墙面进行拉毛处理。

（2）吊垂直、套方、找规矩、贴灰饼 根据墙面结构平整度找出贴陶瓷锦砖的规矩，吊垂直、找规矩时，应综合考虑墙面的窗台、腰线、阳角立边等部位砖块贴面排列的对称性，以及室内地面块料铺贴方正等因素，力求整体美观。贴灰饼方法与内墙一般抹灰实训中做法一致。

（3）抹底子灰 底子灰一般分两次操作，抹头遍水泥砂浆，其配合比为1∶2.5或1∶3，并掺20%水泥质量的界面剂，薄薄地抹一层，用抹子压实。第二次用相同配合比的砂浆按冲筋抹平，用短杠刮平，低凹处事先填平补齐，最后用木抹子搓出麻面。底子灰抹完后，隔天浇水养护。找平层厚度不应大于20mm，若超过此值必须采取加强措施。

（4）弹控制线 贴陶瓷锦砖前应放出施工大样，根据具体高度弹出若干条水平控制线，在弹水平线时，应计算陶瓷锦砖的块数，使两线之间保持整砖数。如分格需按总高度均分，可根据设计及陶瓷锦砖的品种、规格定出缝宽度，再加工分格条。但要注意，同一墙面不得有一排以上的非整砖，并应将其镶贴在较隐蔽的部位。砖块排列应自阴角开始，于阳角停止（收口）；自顶棚开始，至地面停止（收口）。

（5）贴陶瓷锦砖 贴陶瓷锦砖时底灰要浇水润湿，并在弹好水平线的下口上支上一根垫尺，一般三人为一组进行操作。一人浇水润湿墙面，先刷上一道素水泥浆，再抹 2～3mm 厚的混合灰粘结层，其配合比为纸筋：石灰膏：水泥 = 1:1:8，也可采用 1:0.3 水泥纸筋灰，用靠尺板刮平，再用抹子抹平；另一人将陶瓷锦砖铺在木托板上，底面朝上，缝里灌上 1:1 水泥细砂子灰，用软毛刷子刷净底面，再抹上薄薄一层灰浆，然后一张一张递给另一人，将四边灰刮掉，两手执住陶瓷锦砖上面，在已支好的垫尺上由下往上贴，缝对齐，要注意按弹好的横竖线贴。如分格贴完一组，将米厘条放在上口线继续贴第二组。

（6）揭纸、调缝　贴完陶瓷锦砖的墙面，要一手拿拍板，靠在贴好的墙面上，一手拿锤子对拍板满敲一遍，然后将陶瓷锦砖上的纸用刷子刷上水，约等 20～30min 便可开始揭纸。揭开纸后检查缝大小是否均匀，如出现歪斜、不正的缝，应顺序拨正贴实，先横后竖、拨正拨直为止。

（7）擦缝　粘贴后 48h，先用抹子把近似陶瓷锦砖颜色的擦缝水泥浆摊放在需擦缝的陶瓷锦砖上，然后用刮板将水泥浆往缝隙里刮满、刮实、刮严，再用麻丝和擦布将表面擦净，遗留在缝隙里的浮砂可用潮湿干净的软毛刷轻轻带出。如需清洗饰面时，应待勾缝材料硬化后方可进行。起出米厘条的缝隙要用 1:1 水泥砂浆勾严勾平，再用擦布擦净。

2. 基层为砖墙墙面的操作方法

（1）基层处理　抹灰前墙面必须清理干净，检查窗台、窗套和腰线等处，对损坏和松动的部分要处理好，然后浇水润湿墙面。

（2）吊垂直、套方、找规矩　同基层为混凝土墙面时的做法。

（3）抹底子灰　底子灰一般分两次操作，第一次抹薄薄的一层，用抹子压实，水泥砂浆的配合比为1:3，并掺水泥质量20%的界面剂；第二次用相同配合比的砂浆按冲筋线抹平，用短杠刮平，低凹处事先填平补齐，最后用木抹子搓出麻面。底子灰抹完后，隔天浇水养护。

（4）面层施工　面层做法同基层为混凝土墙面的做法。

3. 基层为加气混凝土墙面的操作方法

基层为加气混凝土墙面时，可酌情选用下述两种方法中的一种。

1）用水湿润加气混凝土表面，修补缺棱掉角处。修补前，先刷一道聚合物水泥浆，然后用水泥：石灰膏：砂子 = 1:3:9 的混合砂浆分层补平，隔天刷聚合物水泥浆，并抹 1:6 混合砂浆打底，木抹子搓平，隔天浇水养护。

2）用水湿润加气混凝土表面，在缺棱掉角处刷聚合物水泥浆一道，用 1:3:9 混合砂浆分层补平，待干燥后，钉金属网一层并绷紧。在金属网上分层抹 1:1:6 混合砂浆打底，砂浆与金属网应结合牢固，最后用木抹子轻轻搓平，隔天浇水养护。

其他做法同混凝土墙面。

3.4　施工质量控制要点

1）粘贴时应做到基层处理干净；各道工序连接紧凑；粘结砂浆不得过厚；不得使用过期的水泥拌砂浆，以防止墙面出现空鼓、脱落现象。

2）施工时要事先设计好锦砖模数，排好砖，画好分格线，挂好水平线。特别是对窗台、柱垛、阴阳角等部位更应算好模数，排好砖。施工时灰浆应刮满锦砖缝隙按照准确位置粘贴，防止产生锦砖错位、接茬明显、表面不平现象。

3）必须认真吊垂直、套方正，抹好底子灰，确保阴阳角方正。

4）铺贴后 25～30min 时向纸基洒水，待水将纸湿透几分钟后即可揭纸；如纸基粘结过牢时，需用水刷纸。

5）铺贴后要按要求及时脱纸，随后用布和清水擦拭干净，如使用腐蚀剂必须用清水冲洗干净；未经化验合格的陶瓷锦砖不能使用。

6）施工时随时贴完，随时擦净砖面，或用棉纱蘸稀盐酸加水20％刷洗，并用自来水冲净，交付使用前面层要保护好。

3.5 质量检查与验收

1）陶瓷锦砖的品种、规格、颜色、图案必须符合设计要求和现行标准的规定，见表3-5、表3-6。

2）陶瓷锦砖镶贴必须牢固，无歪斜、缺棱、掉角和裂缝等缺陷。

3）找平、防水、粘结和勾缝材料及施工方法，应符合设计要求及国家现行产品质量标准。

4）表面要平整、洁净，颜色协调一致。

5）接缝要求填嵌密实、平直，宽窄一致，颜色一致，阴阳角处的砖方向正确，非整砖的使用部位适宜。

6）套割时，用整砖套割吻合，边缘整齐；墙裙、贴脸等突出墙面的厚度一致。

7）允许偏差项目见表3-7。

表 3-5　陶瓷锦砖标定规格的允许偏差表

项目		规格/mm	允许偏差/mm		主要技术要求
			一级品	二级品	
单块锦砖	边长	<25.0 >25.0	±0.5 ±1.0	±0.5 ±1.0	1. 吸水率不大于0.2% 2. 锦砖脱纸时间不大于40min
	厚度	4.0 4.5	±0.2	±0.2	
每联锦砖	线路	2.0	±0.5	±0.1	
	联长	305.5	±2.5 −0.5	+3.5 −1.0	

表 3-6　陶瓷锦砖的外观质量要求

缺 陷 名 称	缺陷允许范围							
	锦砖最大边长不大于25mm				锦砖最大边长大于25mm			
	优等品		合格品		优等品		合格品	
	正面	背面	正面	背面	正面	背面	正面	背面
夹层、釉裂、开裂	不允许				不允许			
斑点、粘疤、起泡、坏粉、麻面、波纹、缺釉、桔釉、棕眼、落脏、熔洞	不明显		不严重		不明显		不严重	

49

（续）

缺 陷 名 称		缺陷允许范围							
		锦砖最大边长不大于25mm				锦砖最大边长大于25mm			
		优等品		合格品		优等品		合格品	
		正面	背面	正面	背面	正面	背面	正面	背面
缺角	斜边长/mm	1.5~2.3	3.5~4.3	2.3~3.5	4.3~5.6	1.5~2.8	3.5~4.9	2.8~4.3	4.9~6.4
	深度/mm	不大于砖厚的2/3				不大于砖厚的2/3			
缺边	长度/mm	2.0~3.0	5.0~6.0	3.0~5.0	6.0~8.0	3.0~5.0	6.0~9.0	5.0~8.0	9.0~13.0
	宽度/mm	1.5	2.5	2.0	3.0	1.5	3.0	2.0	3.5
	深度/mm	1.5	2.5	2.0	3.0	1.5	2.5	2.0	3.5
变形	翘曲（%）	不明显				0.3		0.5	
	大小头/mm	0.2		0.4		0.6		1.0	

表3-7 陶瓷锦砖粘贴的允许偏差表

序号	项目	允许偏差/mm	检验方法
1	立面垂直度	2	用2m靠尺和塞尺检查
2	表面平整度	2	用2m靠尺和塞尺检查
3	阴阳角方正	2	用20cm方尺和塞尺检查
4	接缝平直度	2	拉5m小线，尺量检查
5	墙裙上口平直度	2	拉5m小线，尺量检查
6	接缝高低差	0.5	用钢板短尺和塞尺检查

3.6 安全环保措施

1）使用脚手架，应先检查是否牢靠，护身栏、挡脚板、平桥板是否齐全可靠，发现问题应及时修整好，才能在上面操作；脚手架上放置料具要注意分散并放平稳，不准超过规定荷载，严禁随意从高空向下抛掷杂物。

2）使用手提电动机具，应接好地线及防漏电保护开关，使用前应先试运转，检查合格后才能操作。

3）在潮湿环境施工时，应使用36V低压行灯照明。

4）禁止穿硬底鞋、拖鞋、高跟鞋在架子上工作，架子上的人不得集中在一起，工具要搁置稳定，以防止坠落伤人。

5）在两层脚手架上操作时，应尽量避免在同一垂直线上工作，必须同时工作时，下层操作者必须戴安全帽，并应设置防护措施。

6）抹灰时应防止砂浆进入眼内；采用竹片和钢筋固定八字靠尺板时，应防止竹片或钢筋回弹伤人。

7）饰面砖墙面作业时，砖碎片不得向外抛扔。

3.7 成品保护

1）门窗框上沾着的砂浆要及时清理干净。

2）拆架子时避免碰撞墙、柱面的粉刷饰面。

3）对污染的墙、柱面要及时清理干净。

4）搭铺平桥板不得直接压在门窗框上，应在窗台适当位置垫放木枋（板），将平桥架离门窗框。

5）搬运料具时要注意避免碰撞已完成的设备、管线、埋件、门窗框及已完成粉刷饰面的墙、柱面。

3.8 学生操作评定（表3-8）

表3-8 内墙陶瓷锦砖镶贴考核评定表

姓名： 得分：

项次	项目	考核内容	考核方法	满分	得分	备注
1	基层处理	方法	准确，正确	10		
2	吊垂直、套方、贴灰饼	方法、质量	准确，正确	15		
3	抹底子灰	方法、质量	准确，正确	10		
4	弹控制线	方法、质量	方法正确，线准确、合理	15		
5	贴陶瓷锦砖	方法、质量	方法正确，质量合格	20		
6	揭纸、调缝	方法	准确，正确	10		
7	擦缝	方法	准确，正确	10		
8	安全文明施工	安全生产、落手清	出现重大安全事故本项目不合格，一般事故扣10分，事故苗子扣2分；落手清未做扣10分，做而不清扣2分	10		
			合计	100		

考评员： 日期：

任务4 石材湿挂安装实训

4.1 实训目的与要求

实训目的：使学生了解石材饰面安装过程，掌握各个安装要点及质量要求。

实训要求：混凝土基体挡墙，花岗石磨光镜面板材饰面，板材厚度为20mm左右，如图3-6所示。2人一组，安装10～15m²。

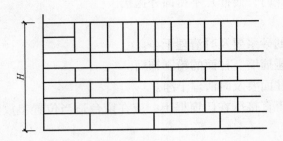

图 3-6 花岗石磨光镜面板安装

4.2 实训准备

1. 主要材料

1）水泥：一般采用强度等级为 42.5 的普通硅酸盐水泥或矿渣硅酸盐水泥。水泥应有出厂合格证及性能检测报告。水泥进场需核查其品种、规格、强度等级、出厂日期等，并进行外观检查，做好进场验收记录。

2）砂：采用中砂，平均粒径为 0.35 ~ 0.5mm，砂颗粒要求坚硬洁净，不得含有草根、树叶等其他杂质。砂在使用前应根据使用要求用不同孔径的筛子过筛，含泥量不得大于 3%。

3）大理石、磨光花岗岩：应符合设计及国家产品标准、规范的规定，对室内的花岗岩的放射性应进行进场取样复验。

2. 作业条件

1）墙体应完成质量验收并合格，墙体上机电设备安装管线等应完成隐蔽工程验收。

2）墙体上的后置件应作现场的拉拔强度检测，其强度符合设计要求。

3）墙面弹好 +500mm 水平线。

4）搭架子，做隐蔽工程的检验。

5）有门窗套的必须把门框、窗框立好（位置准确、垂直、牢固，并考虑安装石板时的尺寸余量）。

6）对进场的石料应进行验收，颜色不均匀时应进行挑选。

7）大理石或花岗石等进场后应堆放于室内，下垫方木，核对数量、规格，并预铺对花纹、编号，正式铺贴时按编号取用。

3. 主要机具

铁抹子、木抹子、托线板、线坠、托灰板、靠尺、水平尺、方尺、粉线袋、电钻、橡皮锤、切割机等。

4.3 施工工艺

石材湿挂施工过程：选材→放样→基层处理→找规矩、弹线→安装钢筋骨架→预拼→钻孔制槽→安装饰面板→灌浆→清理、嵌缝。

1. 选材

板材在运输和搬运过程中会造成部分损坏，故使用前应重新挑选。将损坏、变色、局部污染和缺边少角的挑出，以保证安装质量。对有缺陷的板材，应改小尺寸使用或安装在不显眼处。选材必须逐块进行，对于有破碎、变色、局部缺陷或缺棱掉角者，一律另外堆放。

2. 放样

根据墙面尺寸形状，对板材的颜色、花纹及尺寸进行一次试拼，使得板与板之间，上下左右纹理通顺，板缝平直均匀，颜色协调。试拼合格后，即可由上至下逐块编写镶贴顺序编号，便于安装时对号镶贴。

3. 基层处理

根据设计要求检查墙体的水平度和垂直度。对偏差较大的基体要凿除和修补，使基层面层与大理石表面距离不得大于 50mm。基体应具有足够的稳定性和刚度，表面平整、粗糙，基体表面清理完后，用水冲净。

4. 找规矩、弹线

根据基体表面的平整度找规矩，外墙面应在建筑物外墙阳角、前后墙及山墙中间挂垂线，然后在四角由顶到底挂垂线，再根据垂直线拉水平通线。在立面墙上弹出地面标高线，以此为基准，安排板块的排列和分格，并把分格线弹在立面上，把饰面板编号写在分格线内。

5. 安装钢筋骨架

安装钢筋骨架一种方法是在预埋钢筋处绑扎（或焊接）φ6～φ8 的竖向钢筋，随后绑扎横向钢筋，如图 3-7 所示。另一种方法是用电钻在基体上打直径为 φ6.5～φ8.5、深度大于 60mm 的孔，打入短钢筋，外露 50mm 以上并弯钩，或用电锤钻孔，孔径 25mm、孔深 90mm，用 M16 膨胀螺栓固定预埋铁件，然后按上述方法绑扎竖向、横向钢筋。

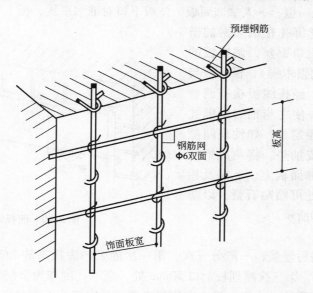

图 3-7　预埋固定钢筋

6. 预拼

饰面板应按图挑出品种、规格、色泽一致的块料，按设计尺寸进行试拼，校正尺寸及四角套方。凡阳角处相邻两块板应磨边卡角，如图 3-8 所示，要同时对花纹，预拼好后由下向上编排施工号，然后分类竖向堆好备用。

7. 钻孔制槽

53

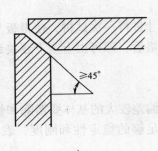
a)

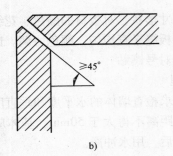
b)

图3-8　阳角磨边卡角

a) 阳角"小八字"碰角　b) 阳角45°裁边碰角

为方便板材的绑扎安装，在板背上下两面需打孔，并将不锈钢丝或细铜丝穿在里面并固定好，以便绑扎用。孔的形状有斜孔和L形孔，孔打好后，在其上下顶面孔口凿一水平槽（深4mm），然后穿线，如图3-9所示。

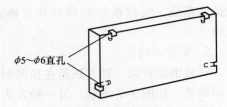

$\phi5\sim\phi6$直孔

图3-9　钻孔制槽

8. 安装饰面板

安装饰面板前，先检查所有准备工作是否完成。安装由下往上进行，每层板由中间或一端开始。操作时两人一组，一人拿饰面板，使板下口对准水平线，板上部略向外倾，另一人及时将板下口的铜丝绑扎在钢筋网的横筋上，然后扣好板上口铜丝，调整板的水平度和垂直度（调整木楔），保证板与板交接处四角平整，经托线板检查调整无误后，扎紧铜丝，使之与钢筋网绑扎牢固，然后将木楔固定好，如发现间隙不匀，应用镀锌铁皮加垫。将调成粥状的熟石膏浆粘贴在饰面板上、下端及相邻板缝间，在木楔处可粘贴石膏，以防发生移位，如图3-10所示。

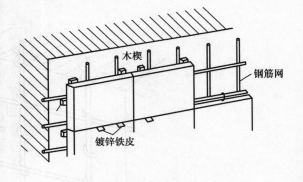

木楔

钢筋网

镀锌铁皮

图3-10　面板安装

9. 分层灌浆

待石膏硬化后进行灌浆，一般分三次。第一次灌浆约为板高的1/3，间隔2h之后，第二次灌到板高的1/2，第三次灌到板上口50mm处，余下高度作为上层板灌浆的接缝。注意灌浆时不要只在一处灌注，应沿水平方向均匀浇灌。每次灌注不宜过高，否则易使板材膨胀发生位移，影响饰面平整。灌注砂浆可用1:2.5水泥砂浆，也可用不低于C10的细石混凝土，为达到饱满度还要用木棒轻轻振捣。

10. 清理、嵌缝

灌浆全部完成，砂浆初凝之后，即可清除板材上的余浆，并擦干净，隔天取下临时固定用的木楔和石膏等，然后按上述相同方法继续安装上一层饰面板。

为使板材拼缝缝隙灰浆饱满、密实、干净及颜色一致，最后还需用与板材颜色相同的色

54

浆作为嵌缝材料，进行嵌缝，并将板表面擦干净。如表面有损伤、失光，应打蜡处理。板材安装完毕应做好成品保护工作，墙面可采用木板遮护。

4.4 施工质量控制要点

1）施工时要按规范及设计要求施工。施工前应将基层清理干净；灌浆前将石块及基层浇水湿润；灌浆时用竹片捣插密实；灌浆用砂浆稠度适当，灌浆饱满密实。

2）施工时注意及时清理板面。灌浆后，及时将溢出浆液清理干净，嵌缝后将石板面擦干净。

3）施工前要根据石材颜色差异、石板纹理进行预排编号。镶贴时注意石板方向，图案不能颠倒及倒置。

4.5 质量检查与验收

1）饰面板的品种、规格、颜色和性能应符合设计要求，木龙骨、木饰面板和塑料饰面板的燃烧性能等级应符合设计要求。

检验方法：观察；检查产品合格证书、进场验收记录和性能检测报告。

2）饰面板孔、槽的数量、位置和尺寸应符合设计要求。

检验方法：检查进场验收记录和施工记录。

3）饰面板安装工程的预埋件（或后置埋件）和连接件的数量、规格、位置、连接方法和防腐处理必须符合设计要求。后置埋件的现场拉拔强度必须符合设计要求。饰面板安装必须牢固。

检验方法：手扳检查；检查进场验收记录、现场拉拔检测报告、隐蔽工程验收记录和施工记录。

4）饰面板表面应平整、洁净、色泽一致，无裂痕和缺损。石材表面应无泛碱等污染。

检验方法：观察。

5）饰面板嵌缝应密实、平直、宽度和深度应符合设计要求，嵌填材料色泽一致。采用湿作业法施工的饰面板工程，石材应进行防碱背涂处理。饰面板与基体之间的灌注材料应饱满、密实。

检验方法：用小锤轻击检查；检查施工记录。

6）饰面板上的孔洞应套割吻合，边缘应整齐。

检验方法：观察。

7）饰面板安装的允许偏差和检验方法应符合表 3-9 的规定。

4.6 安全环保措施

1）在施工过程中应防止噪声污染，在噪声敏感区域宜选择使用低噪声的设备，也可以采取其他降低噪声的措施。

2）挂上饰面板校核后应及时用卡具支撑稳固，并应及时灌浆，以免卡具被人碰撞松脱使饰面板掉下伤人。

3）材料必须符合环保要求，无污染；废料及垃圾必须及时清理干净，装袋运至指定堆放地点，堆放垃圾处必须进行围挡。

4）切割石材的临时用水、污水经过沉淀后方可排放。

5）操作前检查脚手架和脚手板是否搭设牢固，高度是否符合操作要求，检查合格后才能上架操作，凡不符合安全之处应及时修整。禁止穿硬底鞋、拖鞋、高跟鞋在架子上工作，架子上的人不得集中在一起，工具要搁置稳定，以防止坠落伤人。

表 3-9　饰面板安装的允许偏差和检验方法

项次	项 目	允许偏差/mm							检验方法
		石 材			瓷板	木材	塑料	金属	
		光面	剁斧石	蘑菇石					
1	立面垂直度	2	3	3	2	1.5	2	2	用2m垂直检测尺检查
2	表面平整度	2	3	—	1.5	1	3	3	用2m靠尺和塞尺检查
3	阴阳角方正	2	4	4	2	1.5	3	3	用直角检测尺检查
4	接缝直线度	2	4	4	2	1	1	1	拉5m线，不足5m拉通线，用钢直尺检查
5	墙裙、勒脚上口直线度	2	3	3	—	2	2	2	拉5m线，不足5m拉通线，用钢直尺检查
6	接缝高低差	0.5	3	—	0.5	0.5	1	1	用钢直尺和塞尺检查
7	接缝宽度	1	2	2	1	1	1	1	用钢直尺检查

6）在两层脚手架上操作时，应尽量避免在同一垂直线上工作，必须同时工作时，下层操作者必须戴安全帽，并应设置防护措施。

7）高空作业必须佩戴安全带，上架子作业前必须检查脚手板搭设是否安全可靠，确认无误后方可上架进行作业。

8）施工现场临时用电线路必须按用电规范布设，严禁乱接乱拉，远距离电缆线不得随地乱拉，必须架空固定。

9）小型电动工具，必须安装漏电保护装置，使用时应先试运转合格后方可操作。

10）电器设备应有接地、接零保护，现场维护电工应持证上岗，非维护电工不得乱接电源。

11）搬运石材板要拿稳放牢，绳索工具要牢固。

4.7　成品保护

1）大理石、花岗石的柱面、门窗套等安装完成后，应对所有面层的阳角及时用木板保护。

2）石材板在填充砂浆凝结前应防止快干、暴晒、水冲、撞击和振动。

3）拆改架子、上料时，严禁碰撞石材饰面板。

4）在涂刷的石材保护剂未干燥前，严禁清扫渣土和翻动架子脚手板等。

5）已完工的石材饰面应做好成品保护。

4.8　学生操作评定（表3-10）

表 3-10　饰面板镶贴实操考评表

姓名：　　　　　得分：

序号	评分项目	评定方法	满分	得分
1	表面平整	用2m垂直检测尺检查	10	
2	立面垂直	用2m靠尺和塞尺检查	10	

（续）

序号	评分项目	评定方法	满分	得分
3	排列正确	目测	10	
4	色泽一致、表面洁净	目测	10	
5	板缝平直度、宽度	拉5m线，不足5m拉通线，用钢直尺检查	10	
6	粘结饱满度	用小锤轻击检查	10	
7	阴阳角方正	用直角检测尺检查	10	
8	接缝高低差	用钢直尺检查	10	
9	安全文明操作	目测	10	
10	工效	定额计时	10	
		合计	100	

考评员：　　　　日期：

任务5　石材干挂工程实训

5.1　实训目的与要求

实训目的：了解石材干挂法的施工过程，掌握各步骤的要点及质量要求。

实训要求：4人一组，安装 10～15m² 左右干挂石材。

5.2　实训准备

1. 主要材料

1）石材：根据设计要求，确定石材的品种、颜色、花纹和尺寸规格，并严格控制，检查其强度、吸水率等性能。用比色法对石材的颜色进行挑选分类，安装在同一面的石材颜色应一致，按设计图样及分块顺序将石材编号。

2）膨胀螺栓、连接铁件、连接不锈钢针等配套的铁垫板、垫圈、螺母及与骨架固定的各种设计和安装所需的连接件的质量，必须符合国家标准及设计要求。

2. 作业条件

1）检查石材的质量及各材料性能是否符合设计要求。

2）墙面弹好 +500mm 水平线。

3）搭架子，做隐蔽工程检验。

4）水电设备及其他预埋件已安装完。

5）有门窗套的必须把门框、窗框立好（位置准确、垂直、牢固，并考虑安装石板时的尺寸余量）。

6）对进场的石料应进行验收，颜色不均匀时应进行挑选。

7）大理石或花岗石等进场后应堆放于室内，下垫方木，核对数量、规格，并预铺对花纹、编号，正式铺贴时按编号取用。

3. 主要机具

台钻、无齿切割锯、冲击钻、卷尺、靠尺等。

57

5.3 施工工艺

石材干挂施工过程：清理结构表面→在结构上弹出垂直线→板材钻孔→支底层板托架→放置底层板定位、临时固定→结构钻孔并插固定螺栓→固定不锈钢固定件→用胶粘剂灌下层墙板上孔并插入连接钢针→将胶粘剂灌入上层墙板的下孔内临时固定上层墙板→钻孔插入膨胀螺栓→镶不锈钢固定件→镶顶层墙板→清理大理石表面。

主要施工要点如下：

1. 板材钻孔

钻孔一定要准确，以便使板材之间的连接水平一直、上下平齐。钻孔前应在板材侧面按要求定位，用电钻钻成直径为5mm、孔深12～15mm的圆孔，然后将直径为5mm的销钉插入孔内。

2. 基层清理、弹线

清理预做饰面石材的结构表面，同时进行结构套方，找规矩，弹出垂直线和水平线，并根据设计图样和实际需要弹出安装石材的位置线和分块线。

3. 支底层饰面板托架

把预先制作好的托架按上平线支在将要安装的底层石板下面。托架要支承牢固，相互之间要连接好，也可和架子接在一起，托架安好后，顺支托方向钉铺通长的50mm厚木板，木板上口要在同一水平面上，以保证石材上下面处在同一水平面上。

4. 固定不锈钢固定件

用设计规定的不锈钢螺栓固定角钢和平钢板。调整平钢板的位置，使平钢板的小孔正好与石板的插入孔对上，固定平钢板，用扳手拧紧，如图3-11所示。

5. 底层石板安装

把侧面的连接铁件安好，便可把底层面板靠角上的一块就位。

6. 调整固定

面板暂固定后，调整水平度，如板面上口不平，可在板底的一端下口的连接平钢板上垫一相应的双股铜丝垫。调整垂直度，并调整面板上口的不锈钢连接件的距墙空隙，直至面板垂直。

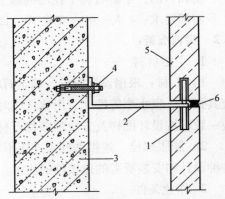

图3-11　大理石干挂法节点详图
1—2mm厚平钢板　2—角钢　3—墙面刷防水涂料　4—螺栓　5—石材板　6—嵌缝胶

7. 顶部面板安装

顶部最后一层面板除了按一般石板安装要求安装调整好后，在结构与石板的缝隙里吊一通长的20mm厚木条，木条上平比石板上口低250mm，吊点可设在连接铁件上。木条吊好后，即在石板与墙面之间的空隙里放填充物，且填塞严实，防止灌浆时漏浆。

8. 清理大理石、花岗石表面

把大理石、花岗石表面的防污条掀掉，用棉丝把石板擦净。

58

5.4 施工质量控制要点

1）施工前应进行试拼和认真挑选，防止出现外饰石板面层颜色不一致现象。

2）施工前认真按图样尺寸核对结构施工的实际尺寸，分段分块仔细弹线、吊线，勤校正，防止出现饰面线条不直，缝格不匀的现象。

3）操作人员应认真施工，仔细打胶嵌缝，检查人员应细致验收。

4）要加强成品保护，在竣工前进行认真清理。

5.5 质量检查与验收

1）干挂石材墙面所用的材料的品种、规格、性能和等级应符合设计要求及国家产品标准和工程技术规范的规定。石材的弯曲强度不应小于8.0MPa，吸水率不应小于0.8%。干挂石材墙面的铝合金挂件厚度不应小于4.0mm，不锈钢挂件不应小于3.0mm。

检验方法：检查产品合格证书。

2）干挂石材墙面的造型、立面分格、颜色、光泽、花纹和图案应符合设计要求。

检验方法：观察；检查产品合格证书、进场验收记录和性能检测报告。

3）石材孔、槽的数量、位置和尺寸应符合设计要求。

检验方法：检查进场验收记录和施工记录。

4）干挂石材墙面主体结构上的预埋件（或后置埋件）和连接件的数量、规格、位置、连接方法和防腐处理必须符合设计要求。后置埋件的现场拉拔强度必须符合设计要求。

检验方法：手扳检查；检查进场验收记录、现场拉拔检测报告、隐蔽工程验收记录和施工记录。

5）干挂石材墙面的金属架立柱与主体结构预埋件的连接、立柱与横梁的连接、连接件与金属框架的连接、连接件与石材面板的连接必须符合设计要求，安装必须牢固。

检验方法：手扳检查；检查进场验收记录、现场拉拔检测报告、隐蔽工程验收记录。

6）金属框架和连接件的防腐处理应符合设计要求。

检验方法：手扳检查；检查进场验收记录、隐蔽工程验收记录。

7）干挂石材墙面的防火、保温、防潮材料的设置应符合设计要求，填充应密实、均匀、厚度一致。

检验方法：隐蔽工程验收记录。

8）干挂石材墙面的板缝注胶应饱满、密实、均匀、无气泡，板缝宽度和厚度应符合设计要求和技术标准的规定。

检验方法：隐蔽工程验收记录。

9）干挂石材墙面表面应平整、洁净、色泽一致，无裂痕和缺损。石材表面应无泛碱等污染。

检验方法：观察。

10）干挂石材墙面压条应平直、洁净，接口严密，安装牢固。

检验方法：观察。

11）石材接缝应横平竖直、宽窄均匀；阴阳角石板压向正确，板边合缝应顺直。饰面板上的孔洞应套割吻合，边缘应整齐。

检验方法：观察。

12）饰面板安装的允许偏差和检验方法应符合表3-9的规定。

5.6 安全环保措施

1）施工现场严禁扬尘作业，清理打扫时必须洒少量水湿润后方可进行，并注意保护成品。废料及垃圾必须及时清理干净，装袋运至指定堆放地点，堆放垃圾处必须进行围挡。

2）切割石材的临时用水、污水经过沉淀后方可排放。

3）进入施工现场必须戴好安全帽，系好风紧扣。

4）高处作业时，脚手架搭设应符合有关规定。

5）施工现场临时用电线路必须按用电规范布设，严禁乱接乱拉，远距离电缆线不得随地乱拉，必须架空固定。

6）小型电动工具必须安装漏电保护装置，使用时应先试运转合格后方可操作。

7）电器设备应有接地、接零保护，现场维护电工应持证上岗，非维护电工不得乱接电源。

8）电源电压需与电动机具的铭牌电压相符，电动机具移动应先断电后移动，下班或工作完后必须拉闸断电。使用电钻、砂轮等手持电动机具，必须装有漏电保护器，作业前应试机检查，作业时应戴绝缘手套。

9）搬运石材板要拿稳放牢，绳索工具要牢固。

5.7 成品保护

1）要及时擦净残留在门窗框、玻璃和金属、饰面板上的污物。

2）合理安排施工顺序，防止损坏、污染外挂石材饰面板。

3）拆改架子和上料时，严禁碰撞干挂石材饰面板。

4）外饰面完活后，易破损部分的棱角处要钉护角保护，其他工种操作时不得划伤面漆和碰坏石材。

5）完工的外挂石材应设专人看管，遇有危害成品的行为，应立即制止，并严肃处理。

5.8 学生操作评定（表3-11）

表3-11 饰面板镶贴实操考评表

姓名： 得分：

序号	评分项目	评定方法	满分	得分
1	表面平整度	用2m垂直检测尺检查	10	
2	立面垂直度	用2m靠尺和塞尺检查	10	
3	排列正确	目测	10	
4	色泽一致、表面洁净	目测	10	
5	接线平直度、宽度	拉5m线，不足5m拉通线，钢直尺检查	10	
6	粘结饱满度	用小锤轻击检查	10	
7	阴阳角方正	用直角检测尺检查	10	
8	接缝高低差	用钢直尺检查	10	
9	工效	定额计时	10	
10	安全文明操作	目测	10	
	合计		100	

考评员： 日期：

任务6 内墙面铝塑板粘贴实训

6.1 实训目的与要求

实训目的：掌握墙面铝塑板粘贴法的操作过程，了解其施工质量和验收要点。

实训要求：4~6人一组，用铝塑板及其配件相互配合粘贴规定的面积（约10m²），构造如图3-12所示。

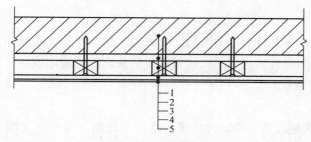

图3-12 内墙面铝塑板构造示意图（内墙面为砖砌体或混凝土）
1—墙体 2—抹灰层 3—木龙骨用钉与墙面固定 4—细木工板固定于木龙骨上
5—3mm厚双面铝塑板用胶粘剂粘贴于细木工板上

6.2 实训准备

1. 主要材料

双面铝塑板，铝塑板规格为2440mm×1220mm×3mm，表面光滑，色调一致，不能有锯毛、啃头的痕迹；基层细木工板，规格为2440mm×1220mm×18mm，表面平整、光滑；木龙骨为30mm×40mm红松或白松木方条，含水率应小于12%，并不能有腐朽、节疤、劈裂、扭曲等弊病；胶粘剂选用环保型万能胶。

2. 作业条件

1）墙面基层清理干净，墙面平整。

2）主要材料、工具备齐，并有序摆放。

3）施工温度宜保持平衡，不得突然变化，且通风良好，环境比较干燥。

4）操作前应认真进行交接检查工作，并对遗留问题进行妥善处理。

3. 主要机具

切割机、手枪钻、冲击电钻、射钉枪、水平尺、角尺、粉线袋、螺钉旋具、划线铁笔等。

6.3 施工工艺

墙面铝塑板粘贴施工过程：弹线→木龙骨安装→基层板安装→饰面板安装。

1. 弹线

根据设计图样上的尺寸要求，先在墙上划出水平标高，弹出分格线，根据分格线在墙上加木楔，位置应符合龙骨分档的尺寸，横竖间距一般为300mm，不大于400mm。

2. 木龙骨安装

木龙骨含水率控制在12%以内，木龙骨应进行防火处理，可用防火涂料将木棱内外和两侧涂刷二遍，晾干后再拼装。根据设计要求，制成木龙骨架，整片或分片拼装。全墙面饰

61

面的应根据房间四角和上下龙骨先找平、找直，按面板分块大小由上到下做好木标筋，然后在空档内根据设计要求钉横竖龙骨。

安装木龙骨前应先检查基层墙面的平整度、垂直度是否符合质量要求，如有误差，可在实体墙与木龙骨架间垫衬方木来调整，同时要检查骨架与实体墙是否有间隙，如有间隙也应用木块垫实。没有预埋木砖的墙面可用电钻打孔钉木楔，孔深应在40～60mm之间，木龙骨的垫块应与木龙骨用钉钉牢，龙骨必须与每一块木砖钉牢，在每块木砖上用两枚钉子上下斜角错开与龙骨固定。

3. 基层板安装

采用细木工板安装在龙骨上作为基层，安装应平伏、牢固、无翘曲。表面如有凹陷或凸出需修正，对结合层上留有的灰尘、胶迹颗粒、钉头应完全清除或修平。

4. 铝塑板饰面安装

（1）准备工作

1）细木工板基层应清洁干净，无油渍、水渍、污渍。表面应干燥无水分，特别是雨天或梅雨天气更应注意，以免出现不粘现象。

2）粘贴前在细木工板基层上按铝塑板宽度在已制作好的木基层上弹出水平标高线、分格线，检查木基层表面平整和立面垂直、阴阳角套方。在门窗口及柱垛两侧，铝塑板接缝应尽量左右对称，非整张铝塑板宜设置在墙面阴角附近。

3）根据设计尺寸，预先将铝塑板长度方向切割合适以备用。

（2）铝塑板面层粘贴方法

1）刷胶前先将铝塑板粘贴面的包装纸揭去，同时在细木工板基层表面及铝塑板表面用硬塑料刮板及棕刷涂刷一层胶粘剂。涂胶应厚薄均匀，宜薄涂2遍，切忌过厚，以免降低粘结强度。涂胶晾置过后，不能再反复涂胶，否则会出现起泡现象。

2）涂胶后的细木工板基层及铝塑板涂胶面均应有一段晾置时间。不同的胶粘剂在同等条件（温度、湿度、气压）下所需的晾置时间不同，一般胶粘剂晾置时间为15min左右。

3）粘贴时，将晾置合适的铝塑板抬运至被粘贴的细木工板基层处就位，一人站在梯子上面扶住铝塑板上部，另一人扶住板的下部，上下及边缘接缝对线后，先用手用力推压拍击铝塑板板面，使其与细木工板基层粘接。由于胶粘剂粘结力强，粘贴时要一次对准线，以免粘贴后来回移动而影响粘贴效果。

4）紧接以上工序，在铝塑板面上垫平整的小块木垫板用木锤自上而下沿板面各部位轻轻敲击并均匀加压，使铝塑板粘贴面与细木工板基层粘结牢固。若发现有被挤出的胶粘剂，应随时用棉纱擦净。

5）铝塑板收边的处理。铝塑板收边要先对板面进行折边处理，先在铝塑板需要折边的部位弹线，然后用铣槽机铣U型槽，底边最薄处应为0.2～0.4mm，对已经过铣槽的铝塑板进行弯折，然后与整块面板一同粘贴到基层板上。

6）分格缝的处理。铝塑板分格缝处使用嵌缝腻子填实抹光。

7）已粘贴的铝塑板墙面，在室温不低于15℃的温度下自然固化，固化时间应不少于72h。固化期间应密切注意保护墙面，避免阳光暴晒、墙面受潮或其他意外振动而影响固化效果。

6.4 施工质量控制要点

1）现场要保持清洁，因涂刷胶粘剂后的铝塑板表面极易吸附空气中的灰尘，故应尽量避免尘垢玷污面层。施工时操作人员应戴防护手套，穿工作服。

2）适当控制室内相对湿度，以免因胶粘剂吸收水分而降低粘结强度。

3）胶粘剂中有挥发性溶剂，切勿接触明火或高温，施工区域应保持空气流通。气温过高，容器密封性不好或暴露时间过长，溶剂易挥发，导致粘度过大而无法施工。

4）胶粘剂应贮存在密封容器中，放于阴凉、空气畅通的仓库内，切勿受阳光直射，有效贮存期为 12 个月。

5）墙面固化后，揭去铝塑板表面的包装纸，安装踢脚板，用胶粘剂粘贴牢固。在墙面上按 600mm 间距安装特制铝合金压条，用自攻螺钉钉牢。

6.5 质量检查与验收

1. 铝塑板尺寸允许偏差

1）长度偏差的检验：在板宽、板长的两边用精度为 1mm 的钢卷尺测量，精确至 1mm。

2）厚度偏差的检验：用精度为 0.01mm 的千分尺，测量板四边向内 20mm 的四角和四边中间向内 20mm 处，共 8 点。

3）对角线差的检验：用精度为 1mm 的钢卷尺测量两对角线长度之差值，精确至 1mm。

4）边缘不直度的检验：将板平放于水平台上，用 1000mm 规格的钢直尺的侧边紧贴板边，再用塞尺测量出板的边缘与钢直尺间最大间隙，精确至 0.1mm。

5）翘曲度的检验：把板的凹面向上放置在水平台上，用 1000mm 规格的钢直尺倒立于板的凹面上，再用精度为 1mm 的直尺测量钢直尺与板之间的最大弦高，即为翘曲度，精确至 1mm。

检验结果均应符合表 3-12 的要求。

表 3-12 铝塑板尺寸允许偏差

项目	允许偏差值
长度/mm	3
宽度/mm	2
厚度/mm	0.2
对角线差/mm	≤5
边沿不直度/（mm/m）	≤1
翘曲度/（mm/m）	≤5

注：其他规格的尺寸允许偏差可由供需双方商定。

2. 外观质量

1）外观质量的检验应在自然光条件下进行（照度约为 300lx）。将板倒立，板与水平面夹角为 70°±10°，距板心 3m 处目测。对目测到的各种缺陷，使用精度为 1mm 的直尺测量其最大尺寸，该最大尺寸不得超过表 3-13 中缺陷规定的上限，检查需两人进行，抽取和铺放试样者不参与检验。

2）同一空间的面材不能有色差。一次备足同批面材，以避免不同批次的材料产生色差。

3）铝塑板外观应整洁，涂层不得有漏涂或穿透涂层厚度的损伤，铝塑板正反面不得有塑料外露，铝塑板装饰面不得有明显压痕、印痕和凹凸等残迹。铝塑板外观缺陷应符合表 3-13 的要求。

表 3-13　铝塑板外观缺陷规定

缺陷名称	缺陷规定	范围	
		优等品	合格品
波纹	—	不允许	不明显
鼓泡	≤10mm	不允许	不超过 1 个/m²
疵点	≤3mm	不超过 3 个/m²	不超过 10 个/m²
划伤	总长度	不允许	≤100mm/m²
擦伤	总面积	不允许	≤300mm²/m²
划伤、擦伤总处数	—	不允许	≤4
色差	色差不明显；若用仪器测量，$\triangle E \leq 2$		

6.6　安全环保措施

1）在施工过程中防治噪声污染，选择使用低噪声的设备，也可以采取其他降低噪声的措施。

2）胶粘剂等材料必须符合环保要求，无污染。

3）废料及垃圾必须及时清理干净，装袋运至指定堆放地点，堆放垃圾处必须进行围挡。

4）注意检查电动工具有无漏电现象。

6.7　成品保护

施工过程中操作台应与墙面保持一定的距离，防止撞击、划伤铝塑板面。为防止铝塑板表面被污染，在铝塑板加工、安装过程中，应该注意保持板面保护膜完整无损。待室内装饰全部完工后，方可撕除保护膜。对个别污点，可用抹布蘸清洁剂擦亮。

6.8　学生操作评定（表 3-14）

表 3-14　墙面铝塑板粘贴法实操评定表

姓名：　　　　　得分：

项次	项目	考核内容	考核方法	满分	得分
1	弹线、裁板	方法	准确，正确	20	
2	木龙骨安装	方法、质量	外表面平整，固定牢固	25	
3	刷胶	质量	均匀，全面	20	
4	粘贴	表面、接缝	边缘接缝对线准确，拼接横平竖直，拼缝间距一致，粘贴牢固，无翘边等	25	
5	安全文明施工	安全生产、落手清	出现重大安全事故本项目不合格，一般事故扣 10 分，事故苗子扣 2 分；落手清未做扣 10 分，做而不清扣 2 分	10	
			合计	100	

考评员：　　　　　日期：

任务7 不锈钢板包圆柱实训

7.1 实训目的与要求

实训目的：掌握不锈钢包圆柱的操作过程，了解工程质量控制要点。

实训要求：4~6人一组，用不锈钢板及其配件相互配合装饰给定的圆柱。

7.2 实训准备

1. 主要材料

根据圆柱外形尺寸，选用厚度 0.6mm 或 0.8mm 的钛金不锈钢板。一般板长为 2440mm，板宽 1220mm，表面平整、光洁，无划痕、无坑眼，板面保护膜完整无脱落。辅助材料有：三合板、35mm×20mm 木筋条、15~20mm 厚的高压木屑胶合板、148mm×30mm×15mm 木楔、膨胀螺栓、铁钉、螺钉、不锈钢插头套碗、BL208 保得丽胶、FIXTO 密封胶、清洁剂、抹布和氩弧焊条等。

2. 作业条件

1）柱面清理干净，修整平整。

2）主要材料、工具备齐，并有序摆放。

3）施工温度宜保持平衡，不得突然变化，且通风良好，环境比较干燥。

4）操作前应认真进行交接检查工作，并对遗留问题进行妥善处理。

3. 主要机具

剪板机、圆筒卷板机、氩弧焊机、电钻、冲击电钻、划线长脚圆规、钢卷尺、角尺、直线尺、木锤、剁斧、钢錾子、曲线锯、细齿锯、密封枪、螺钉旋具、木工刨等。

7.3 施工工艺

不锈钢板包圆柱施工过程：清理圆柱基体→测量圆柱尺寸→圆柱骨架放样→制作圆柱骨架→套装骨架→骨架固定→质量检查→铺钉三合板→测量圆柱外包尺寸→不锈钢板下料→不锈钢板弯卷成半圆形并折边→三合板面涂刷玻璃胶→安装不锈钢板→封口包箍→养护→撕去保护膜→质量检查。

1. 清理圆柱基体

圆柱一般布置于门厅，有单层圆柱和多层圆柱两种。基体多为钢筋混凝土。圆柱基体需用剁斧剔除表面凸起的水泥疙瘩，如有缺陷，应及时用水泥砂浆修补平整。对多层圆柱，应从上至下校准柱身垂直度。凡与柱顶相连的主、次梁和楼板，应事先做好装饰面层。

2. 测量圆柱尺寸

圆柱的高度和直径必须测量准确。当成列柱子的直径大小不一时，应从边柱拉通线，以直径最大的柱子作为制作骨架的依据。多层柱子还应从上往下吊通线，准确测量上下层柱径。柱高量至柱顶的楼板底。当柱顶有主、次梁连接时，还应分别量取梁高和梁宽，便于包柱骨架时预留梁口交圈，然后逐根柱编号，记录尺寸，供包柱骨架设计取用。

3. 圆柱骨架放样、制作

根据实量尺寸，确定柱子包箍大小。按柱子高度，竖向每隔 400~500mm 设法兰盘一道，以连结通长竖向木筋（柱子端部应设置法兰盘）。法兰盘内边与柱基体表面留 10~25mm 空隙，使包柱骨架定位有调整余地。然后，在木屑胶合板上弹出圆柱截面中心线、截面边线及包柱法兰盘足尺大样,将全圆分割成两个半圆,并划切割线。在切割线两侧,留出竖向木筋位置。相邻两木筋之间,留出 2~3mm,以便拼缝,使两个半圆不锈钢板的折边能嵌入缝内。再在法兰盘周围布置竖向木筋,间距为 120~135mm。准确划出木筋凹口槽线,使木筋外表面与法兰盘外缘齐平。大样合格后,依墨线将法兰盘锯割成两半,并依次开竖向木筋口,置放固定在台架上,拼装成半圆骨架。法兰盘与竖向木筋需钉成 90°,木筋应该顺直,不得偏斜,钉子要钉牢固。

4. 骨架套装与固定

安装现场搭设脚手架,按不锈钢板竖向拼缝宜设在圆柱正面两侧的原则,先在柱基体上拉通线弹拼缝垂线,两侧弹中线。当柱顶与梁连接时,其圆柱骨架要按梁所在位置锯割梁口,套上半圆骨架,在法兰盘拼合处,用连接木板和钉子钉成整体。校准骨架拼缝,与柱子拼缝垂线和两侧中心线重合后予以固定。与法兰盘上表面齐平位置,在柱子基体上钻直径 14mm、深 70~80mm 的孔洞,将端部削成直径 15mm 的木楔,钉入孔洞内,用钉子将木楔与法兰盘钉结牢固。为使两半圆骨架拼合,沿竖向拼缝的木筋两侧,在法兰盘之间各加钻一个孔洞,钉入木楔,木筋钉结于木楔上(图 3-13)。柱顶梁口还需增加木楔。凡连杆与柱子连接处,均需加膨胀螺栓锚固。

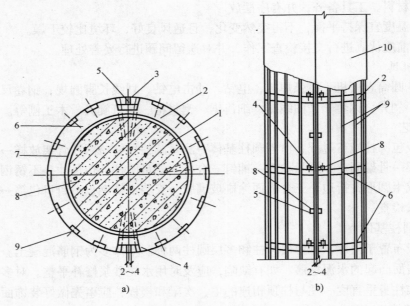

图 3-13　圆柱骨架套装

a) 剖面示意图　b) 立面示意图

1—混凝土圆柱截面　2—胶合板法兰盘　3—半圆法兰盘切割线　4—法兰盘连接板　5—竖向拼缝及两侧木筋
6—圆钉　7—圆柱与法兰盘之间空 10~25mm　8—木楔　9—连接法兰盘木筋　10—木夹板

5. 钉木夹板

骨架固定经检查合格后,铺钉木夹板。木夹板按骨架外包尺寸下料,由下向上逐块钉牢在竖向木筋上。木夹板竖向拼缝留 2~3mm,成一条垂线,板边平整,不得有高低差。水平缝采用平接,梁口处用钉子钉牢。

6. 包不锈钢板

不锈钢板是包在圆柱木夹板上的。不锈钢板下料时，按实量取木夹板半圆外包尺寸。水平缝加20mm，竖缝各加折边10mm。然后在圆筒卷板机上卷成半圆形，折边需压成90°，如图3-14所示。安装时，先割出梁口或连接件口子，不锈钢板里面和柱子木夹板上满刷胶液，由上向下粘贴，用手拍紧，并将折边压入纵向拼缝内。扣缝用木板拍平，随后用密封胶封缝，并用钢丝分段箍紧，养护1~2d。

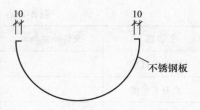

图3-14　圆柱包不锈钢板示意图

7.4　施工质量控制要点

1）现场要保持清洁，因涂刷胶粘剂后的不锈钢表面极易吸附空气中的灰尘，故应尽量避免尘垢玷污面层。施工时操作人员应戴防护手套，穿工作服。

2）适当控制室内相对湿度，以免因胶粘剂吸收水分而降低粘结强度。

3）胶粘剂中有挥发性溶剂，切勿接触明火或高温，施工区域应保持空气流通。气温过高，容器密封性不好或暴露时间过长，溶剂易挥发，导致粘度过大而无法施工。

7.5　质量检查与验收

圆柱包不锈钢板施工质量要求、安装允许偏差和检验方法见表3-15、表3-16。

表3-15　不锈钢圆柱施工质量要求和检验方法

项次	项目	质量等级	质量要求	检验方法
1	包柱骨架制作安装	合格	1. 骨架拼装坚实，木夹板连结牢固，表面无凹凸不平 2. 外包尺寸偏差不大于±1.5mm	观察及尺量检查
		优良	1. 骨架拼装坚实，木夹板连结牢固，表面无凹凸不平 2. 外包尺寸偏差小于±1mm	观察及尺量检查
2	不锈钢板加工	合格	1. 半圆板成型后无压砸变形及锤印 2. 板面保护膜完整无脱落 3. 合圆交圈误差不大于±1.5mm	观察及尺量检查
		优良	1. 半圆板成型后无压砸变形及锤印 2. 板面保护膜完整无脱落 3. 合圆交圈误差小于±1mm	观察及尺量检查
3	不锈钢板粘结、扣缝	合格	1. 粘结胶干燥、洁净，密封胶液注入均匀、饱满 2. 整体粘结牢固 3. 扣缝平直	观察及拉线检查
		优良	1. 粘结胶干燥、洁净，密封胶液注入均匀、饱满 2. 整体粘结牢固 3. 扣缝表面平直，接头光滑、严密、美观	观察及拉线检查
4	不锈钢圆柱外观	合格	1. 竖缝平直严密，胶结牢固 2. 外表平整，线条交圈无明显缺陷	观察及拉线检查
		优良	1. 竖缝平直严密，胶结牢固 2. 线条交圈，表面平整、光亮、晶莹、美观、无缺陷	观察及拉线检查

表3-16　不锈钢圆柱安装允许偏差和检验方法

项目	允许偏差/mm	检验方法
表面垂直度	2	用3.5m托线板和尺量检查
表面平整度	2	用3.5m靠尺和塞尺检查
扣缝平直	1	拉线和尺量检查
阴阳角方正	2	用20cm方尺和塞尺检查

7.6　安全环保措施

1）胶粘剂等材料必须符合环保要求，无污染。

2）有噪声的电动工具应在规定的时间内施工，防止噪声污染。

3）废弃物应按环保要求分类堆放及销毁。

4）检查电动工具有无漏电现象。

7.7　成品保护

圆柱不锈钢板安装后，应加护栏保护，严防撞击。为防止不锈钢板表面被污染，在不锈钢板加工、安装过程中，应注意保持板面保护膜完整无损。待室内装饰全部完工后，方可撕除保护膜。对个别污点，可用抹布蘸清洁剂擦亮。

7.8　学生操作评定（表3-17）

表3-17　不锈钢包圆柱实训考核评定表

姓名：　　　　得分：

项次	项目	考核内容	考核标准	满分	得分
1	包柱骨架制作安装	方法	骨架拼装坚实，木夹板连结牢固，表面无凹凸不平	20	
2	不锈钢板加工	方法、质量	1. 半圆板成型后无压砸变形及锤印 2. 板面保护膜完整无脱落 3. 合圆交圈误差不大于±1.5mm	25	
3	不锈钢板粘结、扣缝	质量	1. 粘结胶干燥、洁净，密封胶液注入均匀、饱满 2. 整体粘结牢固 3. 扣缝平直	20	
4	不锈钢圆柱外观	表面、接缝	1. 竖缝平直严密，胶结牢固 2. 外表平整，线条交圈无明显缺陷	25	
5	安全文明施工	安全生产、落手清	出现重大安全事故本项目不合格，一般事故扣10分，事故苗子扣2分；落手清末做扣10分，做而不清扣2分	10	
		合计		100	

考评员：　　　　　　　日期：

任务8　木软包墙面实训

8.1　实训目的与要求

实训目的：掌握木软包墙面的构造层次及操作步骤，了解各操作步骤中保证质量要求的措施。

实训要求：4~6人一组，配合完成10m²左右的人造革墙面铺钉。

8.2　实训准备

1. 主要材料

1）软包墙面木框、龙骨、底板、面板等木材的树种、规格、等级、含水率和防腐处理，必须符合设计图样要求和《木结构工程施工质量验收规范》（GB 50206—2012）的规定。

2）软包面料及其他填充材料必须符合设计要求，并应符合建筑内装修设计防火的有关规定。

3）龙骨料一般用红白松烘干料，含水率不大于12%，厚度应根据设计要求确定，不得有腐朽、节疤、劈裂、扭曲等疵病，并预先经防腐处理。

4）面板一般采用胶合板（五合板），厚度不小于3mm，颜色、花纹要尽量相似，用原木板材作面板时，一般采用烘干的红白松、椴木和水曲柳等硬杂木，含水率不大于12%，厚度不小于20mm，且要求纹理顺直、颜色均匀、花纹近似，不得有节疤、扭曲、裂缝、变色等疵病。

5）外饰面用的压条、分格框料和木贴脸等面料，一般采用工厂加工的半成品烘干料，含水率不大于12%，且外观没毛病。面料应预先经过防腐处理。

6）辅料有防潮纸或油毡、乳胶、钉子（钉子长应为面层厚的2~2.5倍）、木螺钉、木砂纸、氟化钠（纯度应在75%以上，不含游离氟化氢，粘度应能通过120号筛）或石油沥青（一般采用10号、30号建筑石油沥青）等。

7）如设计采取轻质隔墙做法时，其基层、面层和其他填充材料必须符合设计要求和配套使用。

8）罩面材料和做法必须符合设计图样要求，并符合建筑内装修设计防火的有关规定。

2. 作业条件

1）熟悉施工图样（图3-15）和设计说明。

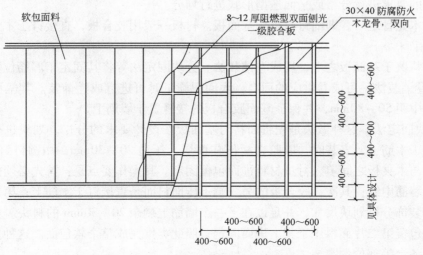

图3-15　软包墙面构造示意图

2）混凝土和墙面抹灰已完成，基层按设计要求已埋设木砖或木筋，水泥砂浆找平层已抹完灰并刷冷底子油，且经过干燥，含水率不大于8%；木材制品的含水率不得大于12%。

3）水电及设备、顶墙上预埋件已完成。

4）房间里的吊顶分项工程基本完成，并符合设计要求。

5）房间里的地面分项工程基本完成，并符合设计要求。

6）房间里的木护墙和细木装修底板已基本完成，并符合设计要求。

7）对施工人员进行技术交底时，应强调技术措施和质量要求。大面积施工前，应先做样板间，经质检部门鉴定合格后方可组织班组施工。

3. 主要机具

手电钻、冲击电钻、刮刀、裁刀、刮板、毛刷、排笔、长卷尺、锤子等。

8.3 施工工艺

施工工艺：基层或底板处理→吊直、套方、找规矩、弹线→计算用料、裁面料→安装木龙骨及衬板→粘贴面料→安装贴脸或装饰边线、刷镶边油漆→修整软包墙面。

1. 基层处理

要求基层牢固、构造合理。

2. 吊直、套方、找规矩、弹线

根据设计图样要求，把该房间需要软包墙面的装饰尺寸、造型等通过吊直、套方、找规矩、弹线等工序，把实际尺寸与造型落实到墙面上。将线坠下吊，线坠静止不动后，按垂线位置用铅笔在墙面画一短线，将垂线按在短线上弹线，按设计图样的要求将人造革尺寸分段分格划到墙面上。

3. 计算用料、裁面料

首先根据设计图样的要求，确定软包墙面的具体做法。

4. 安装木龙骨及衬板

通过钻孔打入木楔或用塑料胀管立墙筋，墙筋木龙骨一般为（20～50）mm×（40～50）mm 截面的木方条，钉于墙、柱体的预埋木砖上，木砖的间距尺寸一般为400～600mm，按设计图样的要求进行分格或平面造型形式进行划分。

固定好木龙骨之后，即铺钉衬板作基面板。衬板一般用胶合板，直接钉于木龙骨上。

5. 粘贴面料

将软包料覆于基面板之上，用成卷铺装法、分块固定法等将其固定于墙筋位置。

1）成卷铺装法：可成卷供应的面料，大面积施工时可进行成卷铺装。其幅面宽度应大于横向木筋中距50～80mm，并保证基面胶合板的接缝置于墙筋上。

2）分块固定法：这种做法是先将面料与基面板按设计要求的分格、划块进行预裁，然后一并固定于木筋上。安装时，以胶合板压住面层，压边20～30mm，用圆钉钉于木筋上，然后将面料与木夹板之间填入衬垫材料进而包覆固定。其操作要点是：首先必须保证胶合板的接缝位于墙筋中线；其次，胶合板的另一端不压面料而是直接钉于木筋上；第三，裁面料时必须大于装饰分格划块尺寸，并足以在下一个墙筋上剩余20～30mm的料头。如此，第二块胶合板又包覆第二片面料压于其上进而固定，照此类推完成整个软包面。这种做法多用于酒吧台、服务台等部位的装饰。

6. 安装贴脸或装饰边线、刷镶边油漆

根据设计选定或加工好的贴脸或装饰边线，按设计要求把油漆刷好（达到交活条件），便可进行装饰板安装工作。首先经过试拼，达到设计要求的效果后，便可与基层固定和安装贴脸或装饰边线，最后涂刷镶边油漆成活。

7. 修正软包墙面

除尘清理，粘贴保护膜和处理胶痕。

8.4　施工质量控制要点

1）检查并调整基层，使其平整、牢固。

2）切割填塞料"海绵"时，可用较大铲刀及锋利刀沿"海绵"边缘切下，以保整齐。

3）面料裁割及粘结时，应注意花纹走向。

4）阴阳角应进行对角。

5）避免用含腐蚀成分的粘结剂。

8.5　质量检查与验收

1. 材料要求

1）软包墙面木框、龙骨、面板等木材的树种、规格、等级、含水率和防腐处理必须符合设计图样要求。

2）软包面料、内衬材料及边框的材质、颜色、图案、燃烧性能等级符合设计要求及国家现行标准的有关规定，且有防火检测报告。普通布料需要进行两次防火处理，并检测合格。

3）龙骨一般用白松烘干料，含水率不大于12%，厚度应符合设计要求，不得有腐朽、节疤、劈裂、扭曲等疵病，并预先经防腐处理。龙骨、衬板、边框应安装牢固，无翘曲，拼缝应平直。

4）外饰面用的压条、分格框料和木贴脸等面料，一般采用工厂经烘干加工的半成品料，含水率不大于12%。选用优质五合板，如基层情况特殊或有特殊要求者，宜选用九合板。

5）胶粘剂一般采用立时的粘贴，不同部位采用不同的胶粘剂。

2. 质量要求

1）软包面料、内衬材料及边框的材质、颜色、图案、燃烧性能等级和木材的含水率应符合设计要求及国家现行标准的有关规定。

检验方法：观察；检查产品合格证书、进场验收记录和性能检测报告。

2）软包工程的安装位置及构造做法应符合设计要求。

检验方法：观察；尺量检查；检查施工记录。

3）软包工程的龙骨、衬板、边框应安装牢固，无翘曲，拼缝平直。

检验方法：观察；手扳检查。

4）单块软包面料不应有接缝，四周应绷压严密。

检验方法：观察；手摸检查。

5）软包工程表面应平整、洁净，无凹凸不平及皱折；图案应清晰、无色差，整体应协调美观。

检验方法：观察。

6）软包边框应平整、顺直、接缝吻合，其表面涂饰质量应符合《建筑装饰装修工程质量验收规范》（GB 50210—2001）的有关规定。

检验方法：观察；手摸检查。

7）清漆涂饰木制边框的颜色、木纹应协调一致。

检验方法：观察。

8）软包工程安装的允许偏差和检验方法应符合表3-18的规定。

表3-18 软包工程安装的允许偏差和检验方法

项次	项 目	允许偏差/mm	检验方法
1	垂直度	3	用1m垂直检测尺检查
2	边框宽度、高度	0；-2	用钢尺检查
3	对角线长度差	3	用钢尺检查
4	裁口、线条接缝高低差	1	用钢直尺和塞尺检查

8.6 安全环保措施

1）施工结束后将面层清理干净，现场垃圾清理干净。

2）软包面料及填塞料达不到防火要求的，不允许使用。

3）软包料附近尽量避免使用其他高温照明设备，不得动用明火，避免损坏。

8.7 成品保护

1）软包墙面装饰工程已完的房间应及时清理干净，不准作为料房或休息室，避免污染和损坏，应设专人管理（加锁、定期通风换气、排湿）。

2）在整个软包墙面装饰工程施工过程中，严禁非操作人员随意触摸成品。

3）暖卫、电气和其他设备等在进行安装或修理工作中，应注意保护墙面，严防污染和损坏成品。

4）严禁在已完软包墙面房间内剔眼打洞，若属设计变更，也应采取相应的可靠措施，施工时要小心保护，施工后要及时认真修复，以保证成品完整。

5）二次修补油、浆活及地面水磨石清理打蜡时，要注意保护好成品，防止污染、碰撞与损坏。

6）软包墙面施工时，各项工序必须严格按照规程施工，操作时要做到干净利落，边缝要切割整齐到位，胶痕及时清擦干净。

7）冬季通暖要有专人看管，严防发生跑水、渗漏水等灾害性事故。

8.8 学生操作评定（表3-19）

表3-19 人造革软包墙面操作练习考核评定表

姓名： 得分：

项次	项目	考核内容	考核方法	满分	得分
1	基层处理	牢固	不牢固扣15分	15	
2	龙骨	牢固	不牢固一处扣10分	20	
3	五合板衬板	无翘曲，拼缝平直	未达标者每处扣3分	20	
4	表面	平整、洁净，无凹凸不平及皱褶，整体协调美观	未达标者每处扣5分	35	
5	安全文明施工	安全生产、落手清	发生重大安全事故本项目不合格，一般事故扣10分，事故苗子扣2分；落手清未做扣10分，做而不清扣2分	10	
		合计		100	

考评员： 日期：

任务9 墙面壁纸裱糊实训

9.1 实训目的与要求

实训目的：掌握墙面裱糊的操作过程，了解裱糊施工的操作要点。

实训要求：4人一组，用聚氯乙烯塑料壁纸裱糊规定的面积（约$10m^2$）。

9.2 实训准备

1. 主要材料

1）壁纸、织物等的品种、规格应符合设计要求，材料表面不得有破损、污染、色差等缺陷。

2）壁纸、织物等的品种、规格、质量等级应符合国家现行标准的有关要求，应有产品合格证。

2. 作业条件

1）墙面抹灰已完成，且经过干燥含水率不大于8%；木材制品的含水率不得大于12%。

2）水电及设备、顶墙上预留预埋件已完。

3）门窗油漆已完成。

4）有水磨石地面的房间，出光、打蜡已完，并将面层保护好。

5）墙面清扫干净，如有凸凹不平、缺棱掉角或局部面层损坏者，提前修补好并应干燥，预制混凝土表面提前刮石膏腻子找平。

6）事先将突出墙面的设备部件等卸下保存好，待壁纸粘贴完后再将其重新装好。

7）如基层色差大，设计选用的又是易透底的薄型壁纸时，粘贴前应先进行基层处理，使其颜色一致。

8）对湿度较大的房间和经常潮湿的墙体，应采用有防水性能的壁纸和胶粘剂等。

9）如房间较高应提前准备好脚手架，房间不高时应提前钉设木凳。

3. 主要机具

水桶、板刷、砂纸、弹线包、直尺、刮板、毛巾、裁纸刀等。

9.3 施工工艺

施工工艺流程：基层处理→吊直、套方、找规矩、弹线→计算用料、裁纸→壁纸浸水→刷胶→裱糊→清理、修整。

1. 基层处理

（1）混凝土及抹灰基层处理 满刮腻子一遍，用砂纸打磨。将混凝土或抹灰面清扫干净，使用胶皮刮板满刮一遍腻子。刮时要有规律，要一板排一板，两板中间顺一板。凸处薄刮，凹处厚刮，大面积找平。待腻子干固后，打磨砂纸并扫净，若基层有气孔、麻点、凸凹不平时，可增加满刮腻子和磨砂纸遍数。处理好的基层应平整光滑，阴阳角线通畅、顺直、无裂痕、崩角、砂眼、麻点。

底灰腻子配合比（质量比）如下：

乳胶腻子 白乳胶：滑石粉：甲醛纤维素（2%溶液）＝1:10:2.5

白乳胶：石膏粉：甲醛纤维素（2%溶液）＝1:6:0.6

油性腻子 石膏粉：熟桐油：清漆（酚醛）＝10:1:2

73

复粉: 熟桐油: 松节油 = 10: 2: 1

（2）不同基层对接处的处理　如抹灰基层与木夹板、水泥基面与石膏板之间的对缝，应用棉织带或穿孔纸带粘贴封口。

（3）涂刷防潮底漆和底胶　涂刷防潮底漆是为了防止壁纸受潮脱胶，防潮底漆用酚醛清漆与汽油或松节油来调配，其配合比为清漆: 汽油 = 1: 3，涂刷不宜过厚，且要均匀一致。

涂刷底胶是为了增加粘结力，防止处理好的基层受潮污染。底胶一般用 108 胶配少许甲醛纤维素加水调成，其配合比为 108 胶: 水: 甲醛纤维素 = 10: 10: 0.2。一般一遍成活，但不能漏刷。涂刷时，要防止灰尘和杂物混入底漆或底胶中。

2. 吊直、套方、找规矩、弹线

首先对房间四角的阴阳角进行吊直、套方、找规矩，并确定从哪个阴角开始按照壁纸的尺寸进行分块弹线控制，一般习惯做法是从进门左阴角处开始铺贴第一张。按壁纸的标准宽度找规矩，每个墙面的第一张纸都要弹线找垂直，第一条线距墙阴角约 15cm，作为裱糊时的基准线。

在第一张壁纸位置的墙顶处敲进一枚墙钉，将有粉线坠系上，线坠下吊到踢脚上缘处，线坠静止不动后，一手紧握坠头，按垂线的位置用铅笔在墙面划一短线，再松开线坠查看垂线是否与铅笔短线重合。如果重合，就用一只手将垂线按在铅笔短线上，另一只手把垂线往外拉，放手后使其弹回，便可得到墙面的基准垂线。弹出的基准垂线越细越好。

每个墙面的第一条垂线，应该定在距墙脚约 15cm 处。墙面上有门窗口的应增加门窗两边的垂直线。

3. 计算用料、裁纸

按基层实际尺寸进行测量计算所需用量，并在每边增加 2 ~ 3cm 作为裁纸量。裁纸在工作台上进行，对有图案的材料，应从粘贴的第一张开始对花，墙面从上部开始，边裁边编顺序号。对花墙纸，要首先计算一间房所需壁纸量，并同时展开裁剪，这样可大大减少浪费。

4. 润纸刷胶

塑料壁纸遇水或胶水，开始自由膨胀，约 5 ~ 10min 后胀足，干后会自行收缩。润纸的方法可刷水，也可将壁纸在水中浸泡 3 ~ 5min，把多余的水抖掉，静置 15min，然后再刷胶。

现在的壁纸一般质量较好，可不必进行润水，而直接刷胶，所以施工前要看壁纸说明书而定。

施工前将 2 ~ 3 块壁纸进行刷胶，起到湿润软化的作用。在塑料壁纸背面和墙面都应涂刷胶粘剂，壁纸背面刷胶后，将胶面与胶面反复对叠，以避免胶干得太快，也便于上墙。基层表面刷胶的宽度要比壁纸宽约 3cm，刷胶应全面、厚薄均匀、不起堆，也不能刷得过少，一般抹灰墙面用胶量为 0.15kg/m² 左右，纸面为 0.12kg/m² 左右。从刷胶到最后上墙的时间一般控制在 5 ~ 7min。

5. 裱糊

裱糊时首先要垂直，后对花纹拼缝，再用刮板用力抹压平整，原则是先垂直面后水平面，先细部后大面。贴垂直面时先上后下，贴水平面时先高后低。裱糊时剪刀和长刷可放在围裙袋中或手边。先将上过胶的壁纸下半截向上折一半，握住顶端的两角，在四脚梯或凳上站稳后，展开上半截，凑近墙壁，使边缘靠着垂线成一直线，轻轻压平，由中间向外用刷子将上半截敷平，在壁纸顶端做出记号，然后用剪刀修齐或用壁纸刀将多余的壁纸割去。再按上述方法同样处理下半截，修齐踢脚板与墙壁间的角落。用海绵擦掉粘在踢脚板上的胶粘剂。壁纸贴平后，3～5h 内，在其微干状态时，用小滚轮（中间微起拱）均匀用力滚压接缝处。

裱糊壁纸时，注意阳角处不能拼缝，阳角边壁纸搭缝时，应先裱糊压在里边的转角壁纸，再粘贴非转角的正常壁纸。搭接面应根据阴角垂直度而定，搭接宽度一般不小于2～3cm。

裱糊前，应尽可能卸下墙上的电灯和开关，首先要切断电源，用火柴棒或细木棒插入螺钉孔内，以便在裱糊时识别以及在裱糊后切割留位。不易拆下的配件，不能在壁纸上剪口再裱上去。操作时，将壁纸轻轻糊于电灯开关上边，并找到中心点，从中心开始切割十字，一直切到墙体边。然后用手按住开关体的轮廓位置，慢慢拉起多余的壁纸，剪去不需要的部分，再用橡胶刮子刮平，并擦去刮出的胶液。

当墙面的墙纸完成 40m² 左右或自裱糊施工开始 40～60min 后，需安排一人用滚轮，从第一张墙纸开始滚压或抹压，直至将已完成的墙纸面滚压一遍。此工序的原理和作用是：因墙纸胶液的特性为开始润滑性好，易于墙纸对缝粘贴，当胶液内水分被墙体和墙纸逐步吸收后但没干时，胶性逐渐增大，时间为 40～60min 时胶液粘性最大，对墙纸面进行滚压，可使墙纸与基面更好贴合，使对缝处的缝口更加密合。

9.4　施工质量控制要点

1）壁纸贴平后 3～5h 内，在其微干状态下用小滚轮（中间微起拱）均匀用力滚压接缝处。

2）对花壁纸应计算一间房的壁纸用量，且宜一间房用量的壁纸同时展开裁剪。

9.5　质量检查与验收

1. 材料要求

1）使用材料应有产品合格证。在光线充足的条件下目测，检查试样外观质量，见表3-20。

2）胶粘剂、嵌缝腻子等应根据设计和基层的实际需要提前备齐。

表 3-20　聚氯乙烯塑料壁纸外观质量要求

项目	优等品	一等品	合格品
色差	不允许有	不允许有明显差异	允许有差异，但不影响使用
伤痕和皱褶	不允许有	不允许有	允许基纸有明显折印，但壁纸表面不允许有死折
气泡	不允许有	不允许有	不允许有影响外观的气泡
套印精度	偏差不大于 0.7mm	偏差不大于 1mm	偏差不大于 2mm
露底	不允许有	不允许有	允许有 2mm 的露底，但不允许密集
漏印	不允许有	不允许有	不允许有影响外观的漏印
污染点	不允许有	不允许有目视明显的污染点	允许有目视明显的污染点，但不允许密集

2. 质量要求

1）壁纸的种类、规格、图案、颜色和燃烧性能等级必须符合设计要求及国家现行标准的有关规定。

检验方法：观察；检查产品合格证、进场验收记录和性能检测报告。

2）裱糊工程基层处理应坚固，表面平整光洁，不疏松起皮，不掉粉，无砂粒、孔洞、麻点和飞刺，基层干燥，不潮湿发霉。

检验方法：观察；手摸检查；检查施工记录。

3）裱糊后各幅壁纸拼接应横平竖直，拼接处花纹、图案应吻合，不离缝，不搭接，不显拼缝。

检验方法：观察；拼缝检查；距离墙面 1.5m 处正视。

4）壁纸应粘贴牢固，不得有漏贴、补贴、脱层、空鼓和翘边。

检验方法：观察；手摸检查。

5）裱糊后的壁纸表面应平整，色泽一致，不得有波纹起伏、气泡、裂缝、皱褶及斑污，斜视时应无胶痕。

检验方法：观察；手摸检查。

6）复合压花壁纸的压痕及发泡壁纸的发泡层应无损坏。

检验方法：观察。

7）壁纸与各种装饰线、设备线盒应交接严密。

检验方法：观察。

8）壁纸边缘应平直整齐，不得有纸毛、飞刺。

检验方法：观察。

9）壁纸阴角处搭接应顺光，阳角处应无接缝。

检验方法：观察。

9.6　安全环保措施

1）禁止穿硬底鞋、拖鞋、高跟鞋在架子上工作，架子上的人不得集中在一起，工具要搁置稳定，防止坠落伤人。

2）操作前检查脚手架和脚手板是否搭设牢固，高度是否满足操作要求，不符合安全之处应及时修整。

3）在两层脚手架上操作时，应尽量避免在同一垂直线上工作。

4）选择材料时，必须选择符合国家标准的材料。

9.7　成品保护

1）墙纸裱糊完的房间应及时清理干净，不准用作料房或休息室，避免污染和损坏。

2）在整个裱糊的施工过程中，严禁非操作人员随意触摸墙纸。

3）电气和其他设备等在进行安装时，应注意保护墙纸，防止污染和损坏。

4）铺贴壁纸时，必须严格按照规程施工，施工操作时要做到干净利落，边缝要切割整齐，胶痕必须及时清擦干净。

5）严禁在已裱糊好壁纸的顶、墙上剔眼打洞。若属设计变更，也应采取相应的措施，施工时要小心保护，施工后要及时认真修复，以保证壁纸的完整。

6）二次修补油、浆活及水磨石二次清理打蜡时，注意做好壁纸的保护，防止污染、碰撞与损坏。

9.8 学生操作评定（表3-21）

表3-21 室内裱糊聚氯乙烯塑料壁纸实操评定表

姓名： 得分：

项次	项目	考核内容	考核方法	满分	得分
1	基层处理	质量	平整，无裂痕、崩角、砂眼、麻点	25	
2	弹线、裁纸	方法	准确，正确	20	
3	刷胶	质量	均匀，全面	20	
4	裱糊	表面、接缝	拼接应横平竖直，不显拼缝；粘贴牢固，无空鼓、翘边等	25	
5	安全文明施工	安全生产、落手清	发生重大安全事故本项目不合格，一般事故扣10分，事故苗子扣2分；落手清末做扣10分，做而不清扣2分	10	
			合计	100	

考评员： 日期：

任务10 室内乳胶漆涂刷实训

10.1 实训目的与要求

实训目的：了解涂料涂刷过程及其工具的使用方法，掌握保证涂刷质量的要点和措施。

实训要求：4～6人一组，相互配合涂刷规定的面积（约10m²）。

10.2 实训准备

1. 主要材料

1）涂料：乙酸乙烯乳胶漆，应有产品合格证、出厂日期及使用说明。

2）填充料：大白粉、石膏粉、滑石粉、羧甲基纤维素、聚醋酸乙烯乳液、地板黄、红土子、黑烟子、立德粉等。

3）颜料：各色有机或无机颜料，应耐碱、耐光。

2. 作业条件

1）墙面应基本干燥，基层含水率不得大于10%。

2）抹灰作业已全部完成，过墙管道、洞口、阴阳角等应提前处理完毕，为确保墙面干燥，各种穿墙孔洞应提前抹灰补齐。

3）门窗玻璃要提前安装完毕。

4）地面已施工完（塑料地面、地毯等除外），管道设备安装完，已进行试水试压。

5）大面积施工前应事先做好样板间，经有关质量部门检查鉴定合格后，方可组织班组进行大面积施工。

6）冬期施工室内涂料工程，应在采暖条件下进行，室温保持均衡，一般室内温度不宜低于+10℃，相对湿度为60%，不得突然变化。同时应设专人负责测试和开关门窗，以利通风排除湿气。

3. 主要机具

高凳、脚手板、大桶、小油桶、橡皮刮板、钢片刮板、腻子托板、小铁锹、开刀、砂纸、笤帚、刷子、排笔等。

10.3 施工工艺

施工工艺流程：基层处理→涂刷清胶→填补缝隙、嵌补腻子→满批腻子、打磨→涂刷（或滚涂）乳胶漆二遍。

1. 基层处理

用铲刀、砂纸铲除或打磨掉墙抹灰表面的灰砂、浮灰、污迹等，彻底清除油污。

2. 涂刷清胶

如遇旧墙面或墙面基层较疏松，可先刷一道胶水，其配合比（质量比）为水：乳液＝5：1，以增强附着力，提高嵌批腻子的施工效率。涂刷应均匀一致，不得有遗漏处。

3. 填补缝隙、嵌补腻子

先调拌硬一些的胶腻子（可适量加些石膏粉），将墙面较大的洞或裂缝嵌实补平，将坑洼不平处分遍找平。操作时要横平竖直，填实抹平，并将多余腻子收净，干燥后用0~1号砂纸打磨平整，并把粉尘清理干净。如还有坑洼不平处，可再补找一遍腻子。

4. 满批腻子、打磨

根据等级要求不同，刮腻子的遍数也不同。用胶粉腻子满批2~3遍，直至平整。其批刮操作方法是先上后下，先左后右，在一般情况下可先用橡皮刮板批刮第一遍，然后用钢片刮板批刮第二遍。刮批收头要干净，接头不留茬。第一遍腻子干后打磨平整，清理浮尘，再进行第二遍竖向满批，干后打磨、清理。

5. 刷涂（或滚涂）乳胶漆二遍

乳胶漆一般刷涂二遍，但如需要也可涂刷三遍。第一遍涂毕干燥后，即可涂刷第二遍。由于乳胶漆干燥迅速，大面积施工应上下多人合作，流水操作，从墙角一侧开始，逐渐刷向另一侧，互相衔接，以免出现排笔接印，也可用辊筒进行滚涂操作。

在涂刷中，如乳胶漆稠度过高，则不宜刷匀，并容易出现流坠现象。这时可在乳胶漆中加入适量的清水，加水量要根据乳胶漆的质量来定，但最大加入量不能超过20%，否则乳胶漆稠度过低，影响遮盖力和粘结度，并容易透底、起粉。

10.4 施工质量控制要点

1）残缺处应补齐腻子，砂纸打磨到位；应认真按照工艺标准操作。

2）基层腻子应刮实、磨平，达到平整、坚实、牢固，无粉化、起皮和裂缝。

3）应涂刷均匀，不得漏涂、透底。

4）后一遍涂料必须在前一遍涂料干燥后进行。

10.5 质量检查与验收

1. 材料要求

选用乳胶漆的品种、型号、颜色应符合设计要求，材料应有使用说明、储存有效期和产品合格证。

2. 质量要求

基层含水率不得大于8%；基层腻子应平整、坚实、牢固，无粉化、起皮和裂缝；涂饰均匀，粘结牢固，不得涂漏、透底、起皮和掉粉。质量检测标准见表3-22。

表 3-22　涂饰工程质量检测标准

项次	项　目	中级涂饰	高级涂饰	检查方法
1	颜色	均匀一致	均匀一致	观察
2	泛碱、咬色	允许少量轻微	不允许	观察
3	流坠、疙瘩	允许少量轻微	不允许	观察
4	砂眼、刷痕	允许少量轻微砂眼，刷纹通顺	无砂眼，无刷痕	观察
5	装饰线、分色线直线度允许偏差/mm	2	1	拉5m线，不足5m拉通线，用钢直尺检查

10.6　安全环保措施

1）操作时应配戴口罩、手套等。

2）现场施工应遵守施工纪律，使用的高凳和脚手板等应事先检查是否有裂痕，高凳必须绑扎牢固，凳脚用橡皮包扎，以防滑行。

3）禁止穿硬底鞋、拖鞋、高跟鞋在架子上工作，架子上施工人员不得集中在一起，工具要搁置稳定，防止坠落伤人。

4）使用的人字梯应在用前检查，发现开裂、腐朽、楔头松动、缺档等，不得使用。人字梯应四脚落地，摆放平稳，梯脚应设防滑橡皮垫和保险链。人字梯上铺设脚手板，脚手板两端搭设长度不得少于20cm，脚手板中间不得同时两人操作。梯子挪动时，作业人员必须下来，严禁站在梯子上踩高跷式挪动，人字梯顶部铰轴处不准站人，不准铺设脚手板。

5）室内应保持良好通风。完工后必须将地板、窗台板等处沾上的水性涂料用湿布擦干净。打开门窗让房间通风。将用剩的涂料腻子归到料间，并将刷浆桶、排笔等清理干净，备用。

10.7　成品保护

1）施涂前应首先清理好周围环境，防止尘土飞扬，影响涂料质量。

2）施涂墙面涂料时，不得污染地面、踢脚线、阳台、窗台、门窗及玻璃等已完成的分部分项工程。

3）最后一遍涂料施涂完后，室内空气要流通，以防漆膜干燥后表面无光或光泽不足。

4）涂料未干前，不应打扫地面，严防灰尘等沾污墙面涂料。

5）涂料墙面完工后要妥善保护，不得磕碰、污染墙面。

10.8　学生操作评定（表3-23）

表 3-23　室内乳胶漆施工实操评定表

姓名：　　　　　得分：

序号	项目	考核内容	考核标准	满分	得分
1	墙面	批嵌	严重不平整无分，部分不平及砂皮不光、干灰未清理每处扣3分	15	
2	色泽	均匀程度	严重不均匀无分，部分色差递减扣分	15	
3	漏涂	程度	漏涂部分每处扣3分	25	

（续）

序号	项目	考核内容	考核标准	满分	得分
4	流坠、起皮	程度	流坠、起皮每处扣3分	15	
5	排笔	痕迹	排笔痕迹明显处每处扣2分	10	
6	工艺	符合操作规范	错误无分，部分错误递减扣分	15	
7	安全文明施工	安全生产、落手清	发生重大安全事故本项目不合格，一般事故扣5分，事故苗子扣2分；落手清末做扣5分，做而不清扣2分	5	
			合计	100	

考评员：　　　　日期：

任务11　木材面清色油漆涂刷实训

11.1　实训目的与要求

实训目的：通过实训掌握清漆涂刷的操作工艺和质量验收要点。

实训要求：2人一组，相互合作用聚酯清漆完成一个木门套或窗套的刷漆操作练习。

11.2　实训准备

1. 主要材料

聚酯清漆、透明腻子、大白粉、着色剂、稀释剂、配套固化剂等。

2. 作业条件

1）施工温度宜保持平衡，不得突然变化，且通风良好。湿作业已完并具备一定的强度，环境比较干燥。一般油漆工程施工时的环境温度不宜低于10℃，相对湿度不宜大于60%。

2）在室内高于3.6m处作业时，应事先搭设好脚手架，并以不妨碍操作为准。

3）大面积施工前应事先做样板间，经有关质量部门检查鉴定合格后方可进行大面积施工。

4）操作前应认真进行交接检查工作，并对遗留问题进行妥善处理。

5）木基层含水率一般不宜大于12%。

3. 主要机具

油刷、开刀、油画笔、毛笔、砂纸、砂布、钢片刮板、橡胶刮板、小油桶、水桶、油勺、棉丝、麻丝、脚手板、手锤和小扫帚等。

11.3　施工工艺

施工工艺流程：基层处理→润油粉、打磨→刷底油一遍→刷第一遍底漆→修补腻子、打磨→刷第二遍底漆→打磨→喷刷第一遍面漆→打磨、修色→喷刷第二遍、第三遍面漆。

1. 基层处理

首先将木板表面用木砂纸顺木纹统一打磨一遍，将油污、斑点打磨掉，手摸光滑无毛刺、无凸点。用潮布将磨下的木粉末擦掉。

2. 润油粉、打磨

用干净的白棉布或棉丝蘸着色剂（油粉）擦涂于木材表面使着色剂深入到木纹棕眼内，

用白布擦涂均匀，使木材基层染色一致，然后用麻布或木丝擦净，线角上的余粉用竹片剔除。待油粉干透后，用木砂纸轻轻顺木纹打磨一遍，使棕眼内的颜色与棱上的颜色深浅明显不同，用潮布将磨下的粉尘擦掉。

3. 刷底油一遍

底油比例为油：稀料 = 1：6，打磨光滑。

4. 刷第一遍底漆

作业环境保持清洁、通风良好。涂刷前先将羊毛板刷的刷毛在稀料中浸湿，然后甩去多余的稀料，用羊毛板刷涂刷底漆于木材表面。

5. 修补腻子、打磨

用大白粉、着色剂、清漆、稀释剂混合成有色腻子补钉眼及饰面板接缝。用牛角板将腻子刮入钉孔、裂纹，待腻子干透后用木砂纸顺木纹轻轻打磨一遍，注意将钉眼以外的有色腻子完全磨掉，这样可以避免将钉眼扩大化。用潮布将磨下的粉尘擦干净。

6. 刷第二遍底漆

刷漆时要求羊毛板刷不掉毛，刷油动作要干净利落，不漏刷，要勤刷勤理，涂刷均匀，不流不坠。刷完后应仔细检查，有缺陷及时处理，干透后进行下道工序（聚酯漆底漆可用配套产品，也可用面漆）。

7. 打磨

底漆 24h 干透后，用水砂纸蘸清水或肥皂水全面认真打磨一遍，使木材表面无油漆流坠痕迹，木线顺直、清晰、无裹棱，手摸光滑、完整、无凸点。打磨完毕，然后用潮布擦净，晾干。

8. 喷刷第一遍面漆

作业前保证室内通风良好，将非油漆部位用纸遮盖，然后喷刷第一遍漆。如喷涂，应先在废板上试喷，调整喷枪的压力及喷嘴距板面的距离，使喷涂的油漆厚薄均匀、不流不坠，再正式喷涂。

9. 打磨、修色

漆膜干透后再用水砂纸将细部及大面光感稍有不平及其他有刷毛等杂质的部位最后打磨一遍，力求木材表面色泽一致、光滑无杂质。磨后用湿布擦净，晾干。

10. 喷刷第二遍、第三遍面漆

必须确保室内清洁无灰尘、在通风良好的条件下喷刷第二遍面漆，接着喷刷第三遍面漆。

11.4　施工质量控制要点

1）合页槽、冒头、榫头、钉孔、裂缝、节疤等以及边棱残缺处应补齐腻子，砂纸打磨到位。应认真按照工艺标准操作。

2）基层腻子应刮实、磨平，达到平整、坚实、牢固，无粉化、起皮和裂缝。

3）应涂刷均匀，不得漏涂、透底。

4）后一遍油漆必须在前一遍油漆干燥后进行。

11.5　质量检查与验收

1. 材料要求

1）油漆工程所选用的油漆品种、型号和性能应符合设计要求；油漆的有害物质含量及稀释剂的选用必须符合国家标准的有关规定。

2）油漆工程的颜色、光泽、图案应符合设计要求。

2. 质量要求

1）基层腻子应刮实、磨平，达到牢固，无粉化、起皮和裂缝，砂纸要打磨到位。

2）油漆应涂刷均匀、粘结牢固，不得漏涂，无透底、起皮。

3）清漆的涂饰质量和检验方法应符合表3-24的规定。

表3-24　清漆的涂饰质量和检验方法

项次	项目	普通涂饰	高级涂饰	检验方法
1	颜色	基本一致	均匀一致	观察
2	木纹	棕眼刮平、木纹清晰	棕眼刮平、木纹清晰	观察
3	光泽、光滑	光泽基本均匀、光滑无挡手感	光泽均匀一致、光滑	观察、手摸检查
4	刷纹	无刷纹	无刷纹	观察
5	裹棱、流坠、皱皮	明显处不允许	不允许	观察
6	门窗、五金、玻璃等	洁净	洁净	观察

11.6　安全环保措施

1）涂刷时，应配戴相应的劳动保护设施，如口罩、手套等。

2）施工时，室内应保持良好通风，但不宜有穿堂风。

3）使用的人字梯应在用前检查，发现开裂、腐朽、楔头松动、缺档等，不得使用。人字梯应四脚落地，摆放平稳，梯脚应设防滑橡皮垫和保险链。人字梯上铺设脚手板，脚手板两端搭设长度不得少于20cm，脚手板中间不得同时两人操作。梯子挪动时，作业人员必须下来，严禁站在梯子上踩高跷式挪动，人字梯顶部铰轴处不准站人，不准铺设脚手板。

4）施工现场严禁有明火。

5）剩余油漆不准乱倒，应收集后集中处理。

11.7　成品保护

1）每遍油漆前，都应将地面、窗台清扫干净，防止尘土飞扬，影响油漆质量。

2）每遍油漆后，都应将门窗扇用梃钩钩住，防止门窗扇、框油漆粘结，破坏漆膜，造成修补及损伤。

3）刷油漆后应将滴在地面或窗台上及污染在墙上的油点清刷干净。

4）油漆完成后应派专人负责看管。

11.8　学生操作评定（表3-25）

表3-25　木料表面施涂清漆实操考评表

姓名：　　　　　得分：

序号	项目		考核标准	满分	得分
1	基层处理	砂纸打磨	打磨光滑	10	
2		刮腻子	刮腻子平整	10	
3		基层着色	着色均匀一致	10	

（续）

序号	项	目	考核标准	满分	得分
4		涂刷顺序	合理、正确	15	
5	清漆涂饰	无漏刷、流坠	严禁漏刷，有漏刷处本项目不合格； 大面无流坠，有流坠情况的扣分	20	
6		木纹	木纹清楚	15	
7		光亮、光滑	光亮和光滑	10	
8	安全生产、落手清		发生重大事故本项目不合格；一般事故扣10分，事故苗子扣2分；落手清未做扣10分，做而不清扣2分	10	
	合计			100	

考评员：　　　　　日期：

任务12　金属面混色油漆涂刷实训

12.1　实训目的与要求

实训目的：通过实训使学生掌握金属面混色油漆涂刷的操作工艺和质量验收要点。

实训要求：2人一组，相互合作用调和漆完成钢门窗或金属面的刷漆操作练习。

12.2　实训准备

1. 主要材料

1）涂料：光油、清油、铅油、调和漆（磁性调和漆、油性调和漆）、清漆、醇酸清漆、醇酸磁漆、防锈漆（红丹防锈漆、铁红防锈漆）等。

2）填充料：石膏、大白、地板黄、红土子、黑烟子、纤维素等。

3）稀释剂：汽油、煤油、醇酸稀料、松香水、酒精等。

4）催干剂：钴催干剂等液料。

2. 作业条件

1）施工环境应通风良好，湿作业已完成并具备一定的强度，环境比较干燥。

2）大面积施工前应事先做样板间，经有关质量部门检查鉴定合格后，方可组织班组进行大面积施工。

3）施工前应对钢门窗和金属面外形进行检查，有变形不合格者应拆换。

4）操作前应认真进行交接检查工作，并对遗留问题进行妥善处理。

5）刷末道油漆涂料前，必须将玻璃全部安装好。

3. 主要机具

油刷、开刀、油画笔、砂纸、纱布、钢片刮板、橡胶刮板、小油桶、油勺、大桶、水桶、手锤、钢丝刷等。

12.3　施工工艺

金属面混色油漆中级做法的工艺流程为：基层处理→刷防锈漆→刮腻子→刷第一编油漆、补腻子、打磨→刷第二遍油漆→刷最后一遍油漆。

1. 基层处理

清扫、除锈、磨砂纸。首先将钢门窗或金属面上的浮土、灰浆等打扫干净。已刷防锈漆但出现锈斑的钢门窗或金属面，须用铲刀铲除底层防锈漆后，将钢门窗或金属面的砂眼、凹坑、缺棱、拼缝等处，用腻子刮抹平整。待腻子干透后，用 1 号砂纸打磨，磨完砂纸后用潮布将面上的粉末擦干净。

2. 刷防锈漆

彻底除锈后，满刷防锈漆 1～2 遍。

3. 刮腻子

用开刀或橡胶刮板在钢门窗或金属面上刮一遍腻子（原子灰），要求刮得薄，收得干净、均匀、平整、无飞刺。待腻子干透后用 1 号砂纸打磨，注意保护棱角，要求达到表面光滑，线角平直，整齐一致。

4. 刷第一遍油漆、补腻子、打磨

（1）刷第一遍油漆 油漆的稠度宜达到盖底，不流淌、不显刷痕为宜，油漆要符合样板的色泽。刷油漆时先从框上部左边开始涂刷，框边刷油时不得刷到墙面上，要注意内外分色。油漆厚薄要均匀一致，刷纹必须通顺，框子上部刷好后再刷亮子。全部亮子刷完后再刷框子下半部。

刷窗扇时如有两扇窗，应先刷左扇后刷右扇，三扇窗者最后刷中间一扇。窗扇外面全部刷完后，用梃钩钩住，再刷里面。

刷门时先刷亮子，再刷门框与门扇背面，刷完后用木楔将门扇下口固定，全部刷完后应立即检查一下有无遗漏，分色是否正确，并将五金等沾染的油漆擦干净。要重点检查线角和阴阳角处有无流坠、漏刷、透底等现象，应及时修整达到色泽一致。

（2）补腻子 待油漆干透后，对于底腻子收缩或残缺处，再用腻子补刮一次。

（3）打磨 待腻子干透后，用 1 号砂纸打磨，磨好后用潮布将磨下的粉末擦净。

5. 刷第二遍油漆

（1）油漆 方法同第一遍刷油漆，但要增加油的总厚度。

（2）打磨 使用潮布将玻璃内外擦干净，注意不得损伤油灰表面和八字角。用 1 号砂纸或旧砂纸轻磨一遍，注意不要把底漆磨穿，要保护棱角。打磨好后应打扫干净，用潮布将磨下的粉末擦干净。

6. 刷最后一遍面漆

由于面漆粘度较大，涂刷时要多刷多理，刷油饱满、不流不坠、光亮均匀、色泽一致。在玻璃油灰上刷油，应等油灰达到一定强度后方可进行，刷油动作要敏捷，刷子轻，油要均匀，不损伤油灰，表面光滑。刷完油漆后要立即仔细检查一遍，如发现有毛病应及时修整。最后用梃钩或木楔将门窗扇打开固定好。

12.4 施工质量控制要点

1）残缺处应补齐腻子，砂纸打磨到位。应认真按照规程和工艺标准操作。

2）基层腻子应刮实、磨平，达到平整、坚实、牢固，无粉化、起皮和裂缝。

3）应涂刷均匀，不得漏涂、透底、起皮和反锈。

4）后一遍油漆必须在前一遍油漆干燥后进行。

12.5 质量检查与验收

1）油漆工程所选用的油漆品种、型号和性能应符合设计要求。油漆的有害物质含量及稀释剂的选用必须符合《民用建筑工程室内环境污染控制规范》的有关规定。

2）油漆工程的颜色、光泽、图案应符合设计要求。

3）油漆工程应涂饰均匀、粘结牢固，不得漏涂、透底、起皮和反锈。

4）基底除锈和防锈处理应符合相关规定。

5）金属面混色油漆的涂饰质量和检验方法应符合表3-26的规定。

表3-26 金属面混色油漆的涂饰质量和检验方法

项次	项目	普通涂饰	高级涂饰	检验方法
1	透底、流坠、皱皮	大面无，小面明显处无	大小面均无	观察
2	光亮和光滑	光亮均匀一致	光亮足，光滑无挡手感	观察、手摸检查
3	分色、裹棱	大面无，小面允许偏差1.5mm	不允许	观察，度量
4	装饰线、分色线平直	偏差不大于1.5mm	偏差不大于1mm	观察，度量
5	颜色、刷纹	颜色一致	颜色一致，无刷纹	观察
6	五金、玻璃等	洁净	洁净	观察

12.6 安全环保措施

1）刷油漆前应首先清理好周围环境，防止尘土飞扬，影响油漆质量。

2）刷油后立即将滴在地面、窗台、墙及五金上的油漆清擦干净。

3）油漆完成后应派专人负责管理，禁止摸碰。

4）应将五金件预先遮盖保护，防止油漆污染。

5）施工结束后将废弃的油桶、油刷、棉纱等收集并集中处理。

6）涂刷时，应配戴相应的劳动保护设施，如口罩、手套等。

7）室内应保持良好通风。

12.7 成品保护

1）刷油前应首先清理好周围环境，防止尘土飞扬，影响油漆质量。

2）每遍油漆刷完后，都应将门窗用梃钩钩住或用木楔固定，防止扇框油漆粘结影响质量和美观，同时防止门窗扇玻璃损坏。

3）刷油后立即将滴在地面、窗台、墙及五金上的油漆清擦干净。

4）油漆涂料工程完成后，应派专人负责管理，禁止摸碰。

12.8 学生操作评定（表3-27）

表3-27 金属面混色油漆实操考评表

姓名：　　　　得分：

序号	项目		考核标准	满分	得分
1	基层处理	砂纸打磨	打磨光滑	20	
2		刮腻子	刮腻子平整	20	
3	混漆涂饰	涂刷顺序	合理、正确	20	
4		无漏刷、流坠	严禁漏刷，有漏刷处本项目不合格；大面无流坠，有流坠情况的扣分	20	
5		光亮、光滑	光亮和光滑	10	
6	安全生产、落手清		发生重大事故本项目不合格；一般事故扣10分，事故苗子扣2分；落手清未做扣10分，做而不清扣2分	10	
合计				100	

考评员：　　　　日期：

85

项目四 ▶▶▶▶▶

轻质隔墙装饰工程

任务1 轻钢龙骨石膏板隔墙施工实训

1.1 实训目的与要求

实训目的：通过实训使学生掌握轻钢龙骨石膏板隔墙的施工工艺和主要质量控制要点，了解一些安全、环保的基本知识，并通过实训掌握简单施工工具的操作要领。

实训要求：4人一组完成不少于20m²的轻钢龙骨石膏板隔墙，隔墙龙骨布置示意图如图4-1所示。

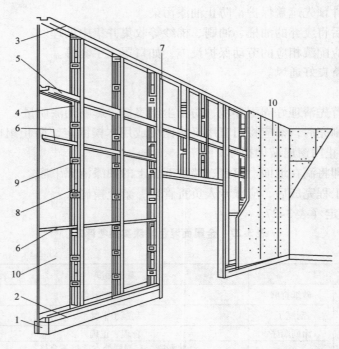

图4-1 隔墙龙骨布置示意图

1—混凝土底层 2—沿地龙骨 3—沿顶龙骨 4—竖龙骨 5—横撑龙骨
6—通贯横撑龙骨 7—加强龙骨 8—贯通孔 9—支撑卡 10—石膏板

1.2 实训准备

1. 主要材料

1）轻钢龙骨主件：沿顶龙骨、沿地龙骨、加强龙骨、竖向龙骨、横向龙骨应符合设计要求。规格尺寸沿顶、沿地龙骨为 100mm×40mm×0.7mm；竖向龙骨为 100mm×50mm×0.7mm；贯通横撑为 38mm×12mm×1.0mm。支撑卡、通贯横撑连接件、轻钢龙骨及配件为镀锌件。

2）轻钢骨架配件：支撑卡、卡托、角托、连接件、固定件、附墙龙骨、压条等附件应符合设计要求。

3）紧固材料：射钉、膨胀螺栓、镀锌自攻螺钉、木螺钉和粘结嵌缝料应符合设计要求。自攻螺钉有 M3.5×25 及 M3.5×35 两种规格；直径为 8mm 的射钉及直径为 3.2mm 的 10 号拉铆钉、M8 膨胀螺栓。

4）填充隔声材料：粘性玻纤带嵌缝腻子等。

5）罩面板材：纸面石膏板规格为 3000mm×1200mm×12mm；岩棉板规格为 400mm×1200mm×50mm，密度为 100kg/m^3。

2. 作业条件

1）结构施工时，应在现浇混凝土楼板或预制混凝土楼板缝中按设计要求间距，预埋 $\phi6 \sim \phi10$ 钢筋吊杆，设计无要求时按大龙骨的排列位置预埋钢筋吊杆，一般间距为 900～1200mm。

2）当吊顶房间的墙柱为砖砌体时，应在顶棚的标高位置沿墙和柱的四周预埋防腐木砖，沿墙间距 900～1200mm，柱每边应埋设木砖两块以上。

3）安装完顶棚内的各种管线及通风道，确定好灯位、通风口及各种露明孔口位置。

4）各种材料全部配套备齐。

5）顶棚罩面板安装前应做完墙、地湿作业工程项目。

6）搭好顶棚施工操作平台架子。

3. 主要机具

电锯、无齿锯、射钉枪、手锯、手刨、钳子、螺钉旋具、直角检测尺、钢尺等。

1.3　施工工艺

施工工艺流程：放线→安装门洞口框→安装沿顶龙骨和沿地龙骨→竖向龙骨分档→安装竖向龙骨→安装横向卡档龙骨→安装石膏罩面板→处理施工接缝→面层施工。

1. 放线

根据设计施工图，在已做好的地面或地枕带上，放出隔墙位置线、门窗洞口边框线，并放好顶龙骨位置边线。

2. 安装门洞口框

放线后按设计先将隔墙的门洞口框安装完毕。

3. 安装沿顶龙骨和沿地龙骨

按已放好的隔墙位置线安装沿顶龙骨和沿地龙骨，用射钉固定在主体上，其射钉钉距为 600mm。

4. 竖龙骨分档

根据隔墙放线门洞口位置，在安装沿顶、沿地龙骨后，按罩面板的规格（板宽 900mm 或 1200mm）进行分档，分档规格尺寸为 450mm，不足模数的分档应避开门洞框边第一块罩面板位置，使破边石膏罩面板不在靠门框或窗框处。

5. 安装竖向龙骨

按分档位置安装竖向龙骨,竖向龙骨上下两端插入沿顶龙骨及沿地龙骨,调整垂直及定位准确后,用抽心铆钉固定;靠墙、柱边龙骨用射钉或木螺钉与墙、柱固定,钉距为 1000mm,如图 4-2、图 4-3 所示。

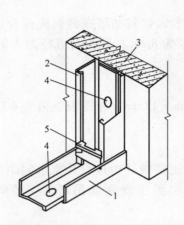

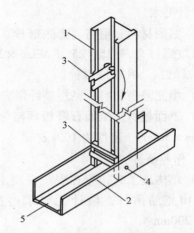

图 4-2 沿地、沿墙龙骨与墙、地固定
1—沿地龙骨 2—竖向龙骨 3—墙或柱
4—射钉及垫圈 5—支撑卡

图 4-3 竖向龙骨与沿地龙骨固定
1—竖向龙骨 2—沿地龙骨 3—支撑卡
4—铆孔 5—橡皮条

6. 安装横向卡档龙骨

根据设计要求,隔墙高度大于 3m 时应加横向卡档龙骨,采用抽心铆钉或螺栓固定。

7. 安装石膏罩面板

1)检查龙骨安装质量、门洞口框是否符合设计及构造要求,龙骨间距是否符合石膏板宽度的模数。

2)安装一侧的纸面石膏板,从门口处开始,无门洞口的墙体由墙的一端开始,石膏板一般用自攻螺钉固定,板边钉距为 200mm,板中间距为 300mm,螺钉距石膏板边缘的距离不得小于 10mm,也不得大于 16mm。自攻螺钉固定时,纸面石膏板必须与龙骨紧靠,如图 4-4 所示。

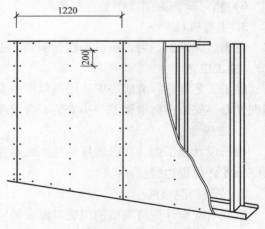

图 4-4 固定板材及对缝

3)安装墙体内电管、电盒和电箱设备。

4)安装墙体内防火、隔声、防潮填充材料,与另一侧纸面石膏板同时进行安装填入。

5)安装墙体另一侧纸面石膏板,安装方法同第一侧纸面石膏板,其接缝应与第一侧面板错开。

6)安装双层纸面石膏板,第二层板的固定方法与第一层相同,但第二层板的接缝应与第一层错开,不能与第一层的接缝落在同一龙骨上。

8. 处理施工接缝

纸面石膏板接缝做法有三种形式，即平缝、凹缝和压条缝，可按以下程序处理。

（1）刮嵌缝腻子　刮嵌缝腻子前先将接缝内浮土清除干净，用小刮刀把腻子嵌入板缝，与板面填实刮平。

（2）粘贴拉结带　待嵌缝腻子凝固后即可粘贴拉结材料，先在接缝上薄刮一层稠度较稀的胶状腻子，厚度为1mm，宽度为拉结带宽，随即粘贴接结带，用中刮刀从上而下一个方向刮平压实，赶出胶腻子与拉结带之间的气泡。

（3）刮中层腻子　拉结带粘贴后，立即在上面再刮一层比拉结带宽80mm左右、厚度约1mm的中层腻子，使拉结带埋入这层腻子中。

（4）找平腻子　用大刮刀将腻子填满楔形槽并与板抹平。

9. 面层施工

纸面石膏板墙面，可根据设计要求做各种饰面。

1.4　施工质量控制要点

1）隔墙周边应留3mm的空隙，减少因温度和湿度影响产生的变形和裂缝。

2）安装时局部节点应严格按图规定处理。钉固间距、位置及连接方法应符合设计要求。

3）施工时，纸面石膏板拉缝尺寸要准确；注意板块分档尺寸，保证板间拉缝一致。

1.5　质量检查与验收

1）轻钢龙骨的安装必须位置正确，连接牢固，无松动。

2）石膏板的品种、规格、性能应符合设计要求；安装必须牢固，无脱层、翘曲、缺棱掉角等缺陷。

3）板材所用的接缝材料及接缝方法正确，符合设计要求。

4）所有的预埋件、连接件的位置、数量正确，隔墙上孔洞、槽、盒位置正确、套割方正、边缘整齐。

5）安装允许的偏差和检验方法见表4-1的规定。

表4-1　石膏板材隔墙安装允许偏差和检验方法

项次	项目	允许偏差/mm	检验方法
1	表面平整度	3	2m靠尺和楔形塞尺检查
2	立面垂直度	3	2m托线板检查
3	阴阳角垂直	2	垂球和直尺检查
4	阴阳角方正	3	曲尺检查
5	接缝高低差	2	直尺和塞尺检查

1.6　安全环保措施

1）施工现场严禁扬尘作业，清理打扫时必须洒少量水湿润后方可打扫。

2）小型电动工具，必须安装漏电保护装置，使用时应先试运转合格后方可操作。

3）在施工过程中防止噪声污染，选择使用低噪声的设备，也可以采取其他降低噪声的措施。

1.7　成品保护

1）轻钢骨架及罩面板安装应注意保护顶棚内各种管线。轻钢骨架的吊杆、龙骨不准固定在通风管道及其他设备件上。

2）轻钢龙骨、罩面板及其他吊顶材料在入场存放、使用过程中应严格管理，保证不变形、不受潮、不生锈。

3）施工顶棚部位已安装的门窗，已施工完毕的地面、墙面、窗台等应注意保护，防止污损。

4）已装轻钢骨架不得上人踩踏，其他工种吊挂件不得吊于轻钢骨架上。

5）为了保护成品，罩面板安装必须在顶棚内管道试水、保温等一切工序全部验收后进行。

1.8　学生操作评定（表4-2）

表4-2　轻钢龙骨石膏板隔墙实操评定表

姓名：　　　　　得分：

序号	评分项目	评定方法	满分	得分
1	龙骨的材质、规格、安装间距及连接方式应符合设计要求	观察；尺量检查；检查产品合格证书、性能检测报告、进场验收记录	15	
2	饰面材料的材质、规格应符合设计要求	观察；检查产品合格证书、性能检测报告、进场验收记录	10	
3	龙骨的安装必须牢固	观察；手扳检查	10	
4	饰面板的安装必须牢固	观察；手扳检查	15	
5	饰面材料表面应洁净、平整，接缝高低、阴阳角垂直、阴阳角方正应符合要求	观察；手扳检查	20	
6	饰面板上的洞口等的位置应合理、美观，与饰面板交接应吻合、严密	观察；尺量检查	10	
7	安全、环保检查	观察	10	
8	实训总结报告	检查	10	
合计			100	

考评员：　　　　　日期：

任务2　玻璃砖隔断施工实训

2.1　实训目的与要求

实训目的：通过本次实训使学生了解玻璃砖隔断的施工过程和工程质量检验。

实训要求：4~6人一组按要求完成$4m^2$左右的玻璃砖隔断，如图4-5所示。

2.2　实训准备

1. 主要材料

1）玻璃砖：一般为内壁呈凸凹状的空心砖或实心砖，四周有5mm的凹槽，规格为190mm×190mm×95mm，要求棱角整齐，砖的对角线基本一致，表面无裂纹。

2）水泥：用强度等级为42.5级普通硅酸盐白水泥。

3）砂：用白色砂砾，粒径0.1~1.0mm，不含泥土及其他颜色的杂质。

4）掺合料：白灰膏、石膏粉、胶粘剂。

5）其他材料：φ6钢筋、玻璃丝毡或聚苯乙烯、槽钢等。

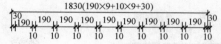

2. 作业条件

1）隔墙施工前应先完成基本的验收工作，屋面、顶棚和墙抹灰已完成。

2）根据设计施工图和材料计划，查实隔墙的全部材料，使其配套齐备。

3）所有的材料必须有材料检测报告、合格证。

3. 主要机具

砂浆搅拌机、提升架、卷扬机、大铲、托线板、线坠、钢卷尺、皮数杆、水桶、扫帚、橡皮锤、手推车等。

2.3　施工工艺

在砌筑玻璃砖隔墙时，四周一定要镶框，可以是木质的，最好是金属框。然后一面铺水泥砂浆，一面将玻璃砖砌上，且上下左右每三块或四块就要放置补强钢筋，尤其在纵向砖缝内一定要灌满水泥砂浆，如图4-6所示。

玻璃砖之间的缝宽在10～20mm之间，主要视玻璃砖的排列调整而定。待水泥砂浆硬化后，用白水泥勾缝，白水泥中如能掺入一些胶水则可避免龟裂。

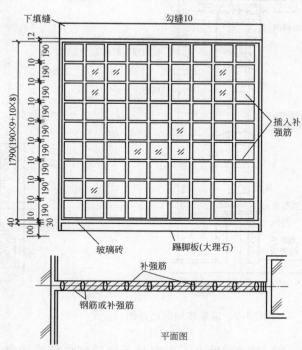

图4-5　玻璃砖隔墙立面图与平面图

具体施工要点如下：

1）组砌方法采用十字缝立砖砌筑。

2）玻璃砖应预先挑选棱角整齐、规格基本相同、砖的对角线基本一致、表面无裂纹的砖备用。

3）按弹好的玻璃砖位置线，核对玻璃砖墙长度尺寸是否符合排砖模数，如不符合，应适当调整砖墙两侧的槽钢或木框的厚度及砖缝的厚度，墙两侧调整的宽度要一致，同时与砖墙上部槽钢调整后的宽度也尽量保持一致。

4）砌筑应双面挂线。如玻璃砖墙较长，则应在中间设几个支点，找好线的标高，使全长高度一致。每层玻璃砖砌筑时均需挂平线，并穿线看平，使水平灰缝平直通顺、均匀一致。

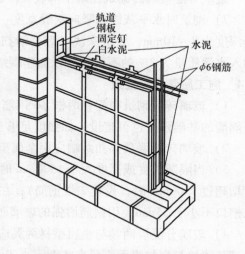

图4-6　玻璃砖放置补强钢筋示意图

5）砌砖采取通长分层砌筑。首层摆底砖要按下面弹好的线砌筑。在砌筑砖墙两侧的第一块砖时，将玻璃丝毡（或聚苯乙烯）嵌入两侧的边框内。玻璃丝毡（或聚苯乙烯）随着玻璃砖墙的增高而嵌置到顶部，接头采用对接。在一层玻璃砖砌筑完毕后，用透明塑料胶带将玻璃砖墙立缝补贴牢，然后往立缝内灌入砂浆捣实。具体构造做法如图4-7、图4-8所示。

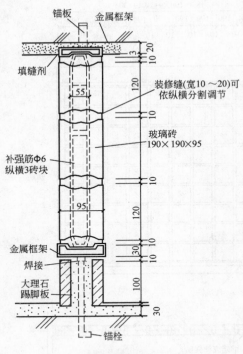

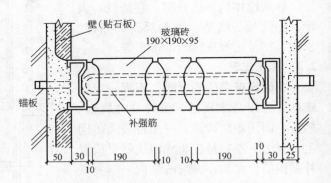

图 4-7　玻璃砖墙剖面详图　　　　　图 4-8　玻璃砖墙平面详图

6）玻璃砖墙上下左右每三块或四块就要放置补强钢筋，对接位置可设在玻璃砖的中央。最上一层玻璃砖砌筑在墙中部收头。顶部槽钢内也应放置玻璃丝毡（或聚苯乙烯）。

7）砌筑时水平灰缝和竖向灰缝宽度一般控制为 8～10mm。灌完立缝砂浆随之划缝，划缝深度为 8～10mm，要求深浅一致，清扫干净，划缝过 2～3h 后，即可勾缝。勾缝砂浆内掺入水泥质量为 2% 的石膏粉，以加速凝结。

2.4　施工质量控制要点

1）玻璃砖应砌筑在配有两根 $\phi6$ 钢筋增强的基础上。基础高度不应大于 150mm（为保证隔墙的基础强度也可暗设，如强度足够也可不设），宽度应大于玻璃砖厚度 20mm 以上。

2）玻璃砖隔墙顶部和两端应用金属型材，其槽口宽度应大于砖厚度 10～18mm 以上。

3）当隔断长度或高度大于 1500mm 时，在垂直方向每 2 层设置 1 根钢筋（当长度、高度均超过 1500mm 时，设置 2 根钢筋）；在水平方向每隔 3 个垂直缝设置 1 根钢筋。钢筋伸入槽口不小于 35mm。用钢筋增强的玻璃砖隔断高度不得超过 4m。

4）玻璃分隔墙两端与金属型材两翼应留有宽度不小于 4mm 的滑缝，缝内用油毡填充；玻璃砖隔墙与型材腹面应留有宽度不小于 10mm 的胀缝，以免玻璃砖隔墙损坏。

5）玻璃砖最上面一层砖应伸入顶部金属型材槽口 10～25mm，以免玻璃砖因受刚性挤压而破碎。玻璃砖之间的接缝不得小于 10mm，且不大于 30mm。玻璃砖与型材、型材与建筑物的结合部，应用弹性密封胶密封。砌筑砂浆应根据砌筑量，随拌制随使用。

6）立皮数杆要保持标高一致，每层挂线时小线均要拉紧，避免松紧不一致造成灰缝大小不均。

7）水平缝砂浆宜铺得稍厚一些；立缝灌砂浆要仔细捣实，勾缝要严，以保证砂浆饱满密实。

8）为了保证墙面垂直，应用吊线坠方法随时检查，如出现偏差，应随即纠正。

2.5　质量检查与验收

1）玻璃砖的型号、规格必须符合设计要求。

2）砂浆的品种、强度必须符合设计要求；砂浆应保证有良好的和易性、较强的粘结强度。

3）砌筑砂浆必须饱满密实，水平灰缝和竖向灰缝的饱满度应为100%。

4）砌筑方法正确，排列均匀，墙面横平竖直，表面平整、清洁、整齐，水平灰缝与竖向灰缝宽度基本一致。

5）安装玻璃砖的骨架应与结构连接牢固。

6）玻璃砖墙砌筑的尺寸和位置的允许偏差及检验方法见表4-3。

表4-3　玻璃砖墙尺寸和位置的允许偏差和检验方法

项次	项目	允许偏差/mm	检验方法
1	轴线位移	10	用钢尺或经纬仪检查
2	墙面垂直	±5	用2m托线板检查
3	墙表面平整	5	用2m靠尺和楔形塞尺检查
4	水平缝、立缝平直度（一面墙）	7	拉线和尺量检查
5	水平缝、立缝平直度（两块砖之间）	2	尺量检查

93

2.6　安全环保措施

1）玻璃砖不应堆放过高，防止打碎伤人。

2）在脚手架上砌墙时，盛灰桶装灰容量不得超过其容积的三分之二。

3）操作工人应戴安全帽、帆布手套。

2.7　成品保护

1）保持玻璃砖墙表面清洁，随砌随清理干净。

2）玻璃砖墙砌筑完成，在进行下道工序前，应在距离两侧各100～200mm处搭设木架钢丝网，防止碰坏已砌好的玻璃砖墙。

2.8　学生操作评定（表4-4）

表4-4　玻璃砖实操考评表

姓名：　　　　　得分：

序号	评分项目	评定方法	满分	得分
1	轴线位移	用钢尺或经纬仪检查	20	
2	墙面垂直	用2m托线板检查	20	
3	墙表面平整	用2m靠尺和楔形塞尺检查	20	
4	水平缝、立缝平直度（一面墙）	拉线和尺量检查	20	
5	水平缝、立缝平直度（两块砖之间）	尺量检查	20	
	合计		100	

考评员：　　　　　日期：

门窗制作安装工程

任务1　铝合金窗制作及安装实训

1.1　实训目的与要求

实训目的：通过实训使学生掌握铝合金门窗的制作要领，熟悉所使用的设备与工具的操作方法，学会铝合金门窗的安装过程及主要质量控制要点，同时了解一些安全、环保的基本知识。

实训要求：4 人一组，制作加工一个 1500mm×1500mm 的 90 系列推拉窗（图5-1），并将该窗安装到指定的窗洞口上。

1.2　实训准备

1. 主要材料

1）铝合金主材：上滑、窗框边柱、窗下方、钩中柱、下滑、窗上方、窗扇边柱、中饰柱。

2）铝合金门窗的主要五金配件：滑轮、锁扣、密封胶条以及型材连接件等。

2. 作业条件

1）铝合金门窗制作的各种材料齐备且产品合格。

2）铝合金门窗制作的各种设备和工具齐全。

3）土建工程的门窗部分已经施工完毕。

4）门窗安装场所的安全措施已落实到位。

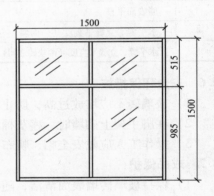

图5-1　铝合金窗尺寸

3. 主要机具

铝合金切割机、冲床、大型玻璃切割台、玻璃组装台、电锤、活扳手、水平尺、螺钉旋具、手电钻及小型的冲孔模具等。

1.3　施工工艺

施工工艺流程：确定尺寸与划线→下料→连接组装→安装。

1. 确定尺寸与划线

根据设计的规格和式样确定窗框的边框及上下横梁尺寸和窗扇的边框及上下横梁的尺寸，然后按所需的型材选料并划线。

划线是铝合金窗制作的第一道工序，也是关键的工序，如果考虑不周，会造成较大的尺寸误差。划线时误差值应控制在 1mm 以内。

（1）上亮部分的尺寸确定　窗的上亮通常用扁方管做成"口"字形。"口"字形的上下两条扁方管的长度为窗框的宽度，"口"字形两边的竖向扁方管尺寸为上亮高度减去两个扁方管的厚度。

（2）窗框尺寸的确定　窗框由两条边封铝型材和上、下滑道铝型材组成。两条边封铝型材长度尺寸等于全窗高减去上亮部分的高度；上、下滑道的尺寸等于窗框宽度减去两个边封铝型材的厚度。

（3）窗扇尺寸的确定　窗扇在装配后既要在上、下滑道内滑动，又要进入边封槽内，通过挂钩把窗扇锁住。窗扇锁定时，两窗扇的带钩边框的钩边刚好相碰，同时还能封口。窗扇的边框和带钩边框为同一长度，其长度是窗框边封的长度再减 45~50mm；窗扇的上、下横梁为同一长度，其长度为窗框宽度的一半再加 5~8mm。

各种尺寸确定以后，用划针与钢尺在型材上划线。

2. 下料

用铝合金切割机将所需的各种型材锯断，锯割时注意：

1）切割过程中，切割机的刀口位置应在划线以外，并留出划线痕迹。

2）锯割前，要把型材夹紧，使型材处于水平位置，以保证切割尺寸的精度。

3. 连接组装

（1）上亮部分的加工与连接组装　上亮部分的扁方管型材经加工后，连接组装成矩形框架。其连接方法通常用铝角码和自攻螺钉进行连接或用铝角码与抽芯铝合金铆钉铆接，如图5-2所示。铝角码多采用厚为 2mm 左右的直角铝角码，角码的长度应等于扁方管内腔宽，否则易发生接口松动现象。

两条扁方管在用铝角码固定连接时，首先在被连接的扁方管上要衔接的部位用模子定好位，将角码置入模子内并用手握紧，再用手电钻将两者一同打孔，最后用抽芯铝铆钉或自攻螺钉固定，如图5-3 所示。

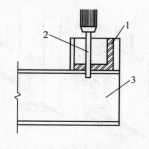

图 5-2　上亮扁方管的连接

1—铝角码　2—方管模子　3—被连接的方管

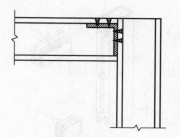

图 5-3　扁方管的连接方法

上亮组成矩形框架后，再用截面尺寸为 12mm×12mm 的铝槽作固定玻璃的压条。安装压条的具体步骤是：先在扁方管的宽度上画出中心线，再按上亮内侧长度割切四条铝槽；按上亮内侧高度减去两条铝槽截面高的尺寸，再锯割四条铝槽条。安装压条时，先用自攻螺钉把铝槽紧固在中线外侧，然后再留出大于玻璃厚度 0.5mm 的距离，安装内侧铝槽，但自攻螺钉不需拧紧，待装上玻璃后再拧紧。

（2）窗框的连接与组装　首先测量出在上滑道上面两条固紧槽孔距侧边的距离和距顶

95

面的高低位置尺寸，然后根据此尺寸在窗框边封上部衔接处划线打孔，孔径 5mm 左右。钻孔后，用专用的碰口胶垫放在边封的槽口内，再用 M4×35 的自攻螺钉，穿过边封上打出的孔和碰口胶垫上的孔，旋进上滑道的固紧槽孔内，如图 5-4 所示。在旋紧螺钉的同时，要注意上滑道与边封对齐，各槽对正，最后再上紧螺钉，并在边封内装好毛条。按同样方法组装连接窗框下滑部分与边封，如图 5-5 所示。窗框的 4 个角衔接后，用直角尺测量并校正一个窗框的直角度，最后上紧各角上的衔接自攻螺钉，并将经过校正紧固好的窗框放在一边待用。

（3）窗扇的连接与加工　在连接拼装前，要先在窗扇的边框和带钩的边框上下两端处进行切口处理，加工方法一般用小型模具压出缺口，如图 5-6 所示，以便将窗扇的上下槽梁插入切口处进行固定。

在每条下横梁的两端各装一只滑轮，其安装方法如下：把铝合金滑轮放进下横梁一端的底槽中，使滑轮框上有调节螺钉的一面向外，该面与下横梁端头边平齐，在横梁底槽板上划线并打出两个直径为 4.5mm 的孔，然后用滑轮固定螺钉将滑轮固定在下横梁内，如图 5-7 所示。

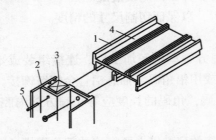

图 5-4　窗框上滑部分的连接组装
1—上滑道　2—边封　3—碰口胶垫
4—固紧槽　5—自攻螺钉

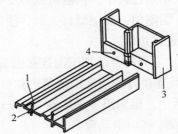

图 5-5　窗框下滑部分的连接组装
1—轨道　2—固紧槽孔　3—边封型材　4—安装孔

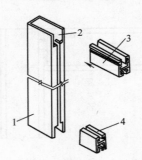

图 5-6　窗扇的连接
1—窗扇边框　2—切口
3—窗扇上横梁　4—窗扇下横梁

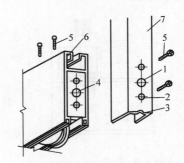

图 5-7　窗扇下横梁安装
1—调节滑轮孔　2—固定孔　3—半圆槽　4—调节螺钉
5—滑轮固定螺钉　6—下横梁　7—边框

窗扇边框、带钩边框与下横梁衔接端用模具打孔。上下两个孔是连接固定孔，中间一个是留出进行调节滑轮框上调整螺钉的工艺孔。需要说明的是，旋动滑轮上的调节螺钉，能改变滑轮从下横槽中外伸的高低尺寸，而且能改变下横梁内两个滑轮之间的距离。组装上横梁与窗扇边框，两者之间也用角码打孔连接，其方法与上亮扇方管的连接相同。

窗扇的组装最后工序是上密封条以及安装窗扇玻璃。安装玻璃时，要先检查玻璃尺寸，一般玻璃长宽方向尺寸要比窗扇内侧尺寸均大 25mm，然后从窗扇一侧将玻璃装入窗扇内侧，最后将边框连接并紧固好。大面积玻璃用吸盘器安装。最后在玻璃与窗扇槽之间用塔形橡胶条或玻璃胶密封。

（4）上亮与窗框的组装　先切两小块 12mm 厚木板将其放在窗框上滑的顶面，再将组装好的上亮框放在窗框上滑的顶面，并将两者前后、左右的边对正；然后从窗框上滑方向向上打孔，把两者一并钻通，螺钉孔距（窗宽度方向）一般为 350mm 左右；最后用自攻螺钉将窗框上滑与上亮框扁方管连接起来。

4. 安装

推拉窗安装工作是指将制作好的窗框部分固定在砖墙洞内，然后再安装窗扇与上亮玻璃。

（1）窗框固定在窗框洞口内　窗框固定方式一般是在洞口内预先设置预埋件（如木楔块等）或者用铝角码将窗框与洞口连接，如图 5-8 所示。对装入窗洞中的铝合金窗框进行水平与垂直度的校正，再用木楔块把窗框临时固紧在洞口中，然后用保护胶带纸把窗框周边贴好，以防进行其他施工时造成铝合金表面损伤。

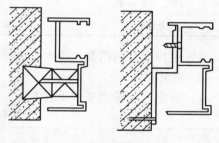

图 5-8　窗框与洞口的连接

窗外框与墙体之间的缝隙应按设计要求填塞。当设计无要求时，可用矿棉或玻璃棉毡条分层填塞，缝隙外可留出 5～8mm 深的槽口，以便填嵌密封材料。

（2）上亮玻璃安装　上亮玻璃的尺寸必须比上亮内框尺寸小 5mm 左右，不能安装得与内框尺寸相接触，以防玻璃在阳光的照射下受热膨胀，造成玻璃开裂。

（3）窗扇的安装　塞口水泥固结后，撕下保护胶带纸，便可进行窗扇的安装。窗扇安装前，检查窗扇上的密封条，是否有漏装和脱落现象，然后用螺钉旋具拧旋边框侧的滑轮调节螺钉，使滑轮向下横梁槽内回缩，托起窗扇，使其顶部插入窗框的上滑槽中，以便使滑轮卡在下滑槽的滑轮轨道上，然后再拧旋滑轮调节螺钉，使滑轮从下横梁外伸，其外伸量通常以下横梁内的长毛密封条刚好能与窗框下滑面相接触为准。

（4）安装窗钩锁挂钩　挂钩的安装位置尺寸要与窗扇挂钩锁洞的位置相对应，挂钩的钩平面一般可位于锁洞孔中心线处。根据这个对应位置，在窗框边封凹槽内画线打孔即可。

1.4　施工质量控制要点

1）铝合金门窗保护膜要封闭好再进行安装。

2）铝合金门窗连接、固定件最好用不锈钢件。

3）门窗表面如有胶状物，应用棉球蘸专用溶剂擦净。

4）用水泥浆堵缝时，门窗与水泥浆接触面应涂刷防腐剂进行防腐处理。

5）填塞缝隙时，框外边的槽口，应待粉刷干燥后清除浮灰再塞入密封膏。

1.5　质量检查与验收

1. 材料要求

1）铝合金门窗的规格、型号符合设计要求，五金配件配套齐全，具有出厂合格证、材料检验报告书并加盖厂家印章。

2）填缝材料、密封材料、水泥、砂等应符合设计要求及有关标准规定。

3）主要五金配件及非金属附件材质要求见表5-1。

表5-1 主要五金配件及非金属附件材质要求

配件名称	材质	牌号或标准代号
滑轮壳体、锁扣、自攻螺钉	不锈钢	GB/T 1220，GB/T 3280，GB/T 4226，GB/T 4238
锁、暗插销	铸造铝合金	GB/T 1175
滑轮、合页垫圈	尼龙	1010（HG2 - B69 - 76）
密封条、玻璃嵌条	软质聚氯乙烯树脂聚合体	
推拉窗密封条	聚丙烯毛条	参照有关标准
气密、水密封条	高压聚乙烯	改性
密封条	氯丁橡胶	4172（HG6 - 407 - 79）

4）有排水孔的门窗，排水孔应保持畅通，位置和数量应符合要求。

2. 质量要点

1）窗框尺寸偏差要求见表5-2。

表5-2 窗框尺寸偏差要求

项 目	尺寸	等 级		
		优等品	一等品	二等品
窗框槽口宽度、高度允许偏差/mm	≤200	±1.0	±1.5	±2.0
	>200	±1.5	±2.0	±2.5
窗框槽口对边尺寸之差/mm	≤200	≤1.5	≤2.0	≤2.5
	>200	≤2.5	≤3.0	≤3.5
窗框槽口对角尺寸之差/mm	≤200	≤1.5	≤2.0	≤2.5
	>200	≤2.5	≤3.0	≤3.5

2）窗框、窗扇相邻构件装配间隙及同一平面高低差要求见表5-3。

表5-3 窗框、窗扇相邻构件装配间隙及同一平面高低差要求

项 目	等 级		
	优等品	一等品	合格品
同一平面高低差/mm	≤0.3	≤0.4	≤0.5
装配间隙/mm	≤0.3		≤0.5

3. 验收标准和检验方法

根据国家标准《建筑装饰装修工程质量验收规范》（GB 50210—2001）的有关规定，铝合金门窗的质量标准和检验方法见表5-4。

1.6 安全环保措施

1）高空作业应系安全带。

2）有噪声的电动工具应在规定的时间内施工，防止噪声污染。

3）废弃物应按环保要求分类堆放及销毁。

表 5-4　铝合金门窗安装质量要求和检验方法

项次	项　目	质量等级	质　量　要　求	检验方法
1	平开门窗扇	合格	关闭严密，间隙基本均匀，开关灵活	观察和开闭检查
		优良	关闭严密，间隙均匀，开关灵活	
2	推拉门窗扇	合格	关闭严密，间隙基本均匀，扇与框搭接量不小于设计要求的80%	观察和用深度尺检查
		优良	关闭严密，间隙均匀，扇与框搭接量符合设计要求	
3	弹簧门扇	合格	自动定位正确，开启角度为 90°±3°，关闭时间在 3~15s	用秒表和角度尺检查
		优良	自动定位正确，开启角度为 90°±1.5°，关闭时间在 6~10s	
4	门窗附件安装	合格	附件齐全，安装牢固，灵活适用，达到各自的功能	观察、手扳和尺量检查
		优良	附件齐全，安装位置正确，牢固，灵活适用，达到各自的功能，端正美观	
5	门窗框与墙体间缝隙填嵌	合格	填嵌基本饱满密实，表面平整，填塞材料、方法基本符合设计要求	观察检查
		优良	填嵌饱满密实，表面平整光滑，填塞材料、方法符合设计要求	
6	门窗外观	合格	表面洁净，无明显划痕、碰伤，基本无锈蚀，涂胶表面基本光滑，无气孔	观察检查
		优良	表面洁净，无划痕、碰伤，无锈蚀，涂胶表面光滑、平整，厚度均匀，无气孔	
7	密封质量	合格	关闭后各配合处无明显缝隙，不透气、透光	观察检查
		优良	关闭后各配合处无缝隙，不透气、透光	

1.7　成品保护

铝合金窗框塑料保护膜应保持完好，在室内外湿作业未完成前，不得破坏窗表面保护材料。进行其他作业时，应采取措施，防止损坏周围的铝合金窗型材、玻璃等材料。禁止人员踩踏铝合金窗，不得在铝合金窗上安放脚手架、悬挂重物。铝合金窗清洁时，保护胶膜要妥善剥离，不得划伤、刮花铝合金表面氧化膜。

1.8　学生操作评定（表 5-5）

表 5-5　铝合金门窗制作、安装实操考核评定表

姓名：　　　　　　　得分：

序号	评分项目	评定方法	满分	得分
1	下料应符合设计要求	尺量检查	10	
2	窗框制作	观察；尺量检查	15	
3	窗扇制作	观察；尺量检查	10	
4	铝合金窗安装	观察；手扳检查	15	
5	密封情况	观察	10	
6	安全、文明操作	目测	10	
7	工效	定额计时	10	
8	安全、环保检查	观察	10	
9	实训总结报告	检查	10	
	合计		100	

考评员：　　　　　　　　日期：

任务2 塑钢窗制作及安装实训

2.1 实训目的与要求

实训目的：通过实训使学生掌握塑钢门窗划线及下料的方法，掌握塑钢门窗的制作要领，熟悉所使用的设备与工具的操作方法，学会塑钢窗的安装过程及主要质量控制要点，同时了解一些安全、环保的基本知识。

实训要求：4人一组，制作加工并安装 1500mm×1500mm 的 80 系列推拉窗。

2.2 实训准备

1. 主要材料

1）塑钢主材：框 HF80NC、王字中梃 SE70NC、一体化框 FB80—1NC、固定框 FB44—1NC、固定框中梃 SP60—1NC、扇 SF55NC、单玻压条 GB20NC、双玻压条 GB8NC 及窗扇封盖、中心插件等。

2）塑钢门窗的主要五金配件：滑轮、锁扣、插销、合页、钢衬以及型材连接件等。

2. 作业条件

1）塑钢窗制作的各种材料齐备且产品合格。

2）塑钢窗制作的各种设备和工具齐全。

3）建筑工程的门窗部分已经施工完毕。

4）塑钢窗安装场所的安全措施落实到位。

3. 主要机具

双角锯、V 型切割锯、点焊机、焊角清理机、玻璃压条轮、自动焊机、铝合金切割机、手电钻、台钻、电锤、活扳手、水平尺、螺钉旋具等。

2.3 施工工艺

施工工艺流程：型材切割→开设排水槽→安装衬筋→安装密封条→焊接→五金件装配→安装玻璃→塑钢窗现场安装。

1. 型材切割

根据设计的规格和式样，确定窗框的尺寸，然后按所需的型材选料、划线并切割。

2. 开设排水槽

窗框的排水槽位置不应在加筋的腔室内，以免腐蚀衬筋，单腔型材不宜开排水孔。进水口与出水口的位置应错开，间距一般为 120mm 左右，排水孔应在专用设备上进行加工。

3. 安装衬筋

将下好料的塑钢型材内腔衬以型钢加强筋并用螺钉固定。

4. 安装密封条

塑钢窗根据使用要求可加单层密封、双层密封或三层密封，窗的不同位置所采用的密封条形式也不相同，密封条的材料一般有橡胶、塑料或橡胶混合体三种，密封条的装配用一小压轮便可直接将其嵌入槽中。

5. 焊接

塑钢门窗的焊接，一般多采用专用的塑料异型材自动焊接机来进行焊接。型材焊接后，

100

及时清除焊接处焊渣。

6. 五金件装配

窗用五金包括窗把手、搭钩、滑撑和合页，可直接用螺钉固定。注意固定五金件的螺钉至少穿透两层中空腔壁，或与增强金属型材相连，否则易出现五金件松动现象。

7. 安装玻璃

塑钢窗的玻璃采用干法安装。具体操作方法：安装完密封条后，在窗玻璃位置先放置好底座和玻璃垫块，然后将玻璃安装到位，最后将已镶好密封条的玻璃压条在中空筋对侧的预留位置上嵌固即可。

8. 塑钢窗现场安装

（1）检查窗洞口　塑钢窗安装后，要求窗框与墙壁之间预留 10～20mm 间隙，若尺寸不符合要求要进行处理，合格后方可安装窗框。

（2）窗框与墙体连接　窗框与墙体连接方法有三种：

1）连接件连接法。通过一个专门制作的铁件将窗框与墙体相连，铁件与窗框用自攻螺钉固定，铁件与墙体可用膨胀螺钉固定或与预埋木砖固定。

2）直接固定法。直接将窗框固定在预埋木砖上或用膨胀螺钉固定。

3）假框法。先在窗洞口安装一个与塑钢窗框相配套的"门"形镀锌铁皮金属框，如果是将木窗换为塑钢窗时，可把原来的木窗框保留，待抹灰装修完成之后，再把塑钢窗框固定在上述框材上，最后以盖口条对接缝及边缘部分进行装饰。

（3）框墙间隙及其处理　框墙间隙内应填入矿棉、玻璃棉或泡沫塑料等隔绝材料作缓冲层。在间隙外侧应用弹性封缝材料加以密封。注意不能用含沥青的封缝材料，以防沥青使塑料软化。最后进行墙体抹灰。

2.4　施工质量控制要点

1）填塞洞口墙体与连接铁件之间的缝隙时，密封胶应冒出铁件 1～2mm。

2）不得用含沥青的材料填缝，以防塑钢窗框架变形。

3）严禁用锋利的器械刮塑钢窗框和扇上的污物。

4）用木楔固定窗框时，应固定在能受力的部位。

5）塑钢窗安装时，应将窗扇先放入窗框内进行找正。

6）门窗扇应开关灵活、关闭严密，无倒翘，同时必须有防脱落措施。

2.5　质量检查与验收

1. 材料要求

1）塑钢窗使用的主材应符合国家标准的规定，五金配件配套齐全，并具有出厂合格证、材料检验报告书并加盖厂家印章。

2）填缝材料、密封材料、水泥、砂等应符合设计要求及有关标准规定。

2. 质量要点

1）洞口宽度和高度尺寸偏差要求见表5-6。

2）塑钢门窗的规格、尺寸、开启方向、安装位置、连接方式及填嵌密封处理应符合设计要求，内衬增强型钢质量应符合标准。

3）门窗扇应开关灵活、关闭严密，无倒翘，同时必须有防脱落措施。

表5-6　洞口宽度和高度尺寸偏差要求　　　　　　　（单位：mm）

墙体表面　　洞口宽度或高度	<2400	2400～4800	>4800
未粉刷墙面	±10	±15	±20
已粉刷墙面	±5	±10	±15

3. 验收要求及检验方法

塑钢门窗的质量要求及检验方法见表5-7。

表5-7　塑钢门窗安装质量要求及检验方法

项　目		质　量　要　求	检验方法
门窗表面		洁净、平整、光滑，大面无划痕、碰伤，型材无开焊断裂	观察
五金件		齐全，位置正确，安装牢固，使用灵活，达到各自的使用功能	观察尺量
玻璃密封条		密封条与玻璃及玻璃槽口的接触应平整，不得卷边、脱槽	观察
密封质量		门窗关闭时，扇与框间无明显缝隙，密封面上的密封条处于压缩状态	观察
玻璃	单玻	安装好的玻璃不得直接接触型材，玻璃应平整、安装牢固，不应有松动现象，表面应洁净，单面镀膜玻璃的镀膜层应朝向室内	观察
	双玻	安装好的玻璃应平整、安装牢固，不得有松动现象，内外表面均应洁净，玻璃夹层内不得有灰尘和水气，双玻璃条不得翘起，单面镀膜玻璃在最外层，镀膜层应朝向室内	观察
压条		带密封条的压条必须与玻璃全部贴紧，压条与型材的接缝处无明显缝隙，接头缝隙应小于等于1mm	观察
拼樘料		应与窗框连接紧密，不得松动，螺钉间距应小于等于600mm，内衬增强型钢两端均应与洞口固定牢靠，拼樘料与窗框间应用嵌缝膏密封	观察
开关部件	平开门窗扇	关闭严密，搭接量均匀，开关灵活，密封条不得脱槽。开关力：平铰链应小于等于30N，滑撑铰链应小于等于80N	观察弹簧称刻度尺
	推拉门窗	关闭严密，扇与框搭接量符合设计要求，开关力应小于等于100N	观察弹簧称刻度尺
	旋转窗	关闭严密，间隙基本均匀，开关灵活	观察
框与墙体连接		门窗框应横平竖直、高低一致，固定片安装位置应正确，间距应小于等于600mm。框与墙体应连接牢固，缝隙内应用弹性材料填嵌饱满，表面用嵌缝膏密封，无裂缝	观察
排水孔		畅通，位置正确	观察

2.6　安全环保措施

1）高空作业应系安全带。

2）有噪声的电动工具应在规定的时间内施工，防止噪声污染。

3）禁止将废弃的塑料制品在施工现场丢弃、焚烧，以防止有毒有害气体伤害人体。

4）应经常检查电动工具有无漏电现象。

102

2.7　成品保护

塑钢窗框保护膜应保持完好，在室内外湿作业未完成前，不得破坏窗表面保护材料。进行其他作业时，应采取措施，防止损坏周围的塑钢窗型材、玻璃等材料。禁止人员踩踏塑钢窗，不得在塑钢窗上安放脚手架、悬挂重物。塑钢窗清洁时，保护胶膜要妥善剥离，不得划伤、刮花塑钢表面。

2.8　学生操作评定（表 5-8）

表 5-8　塑钢门窗制作安装考核评定表

姓名：　　　　　得分：

序号	评分项目	评定方法	满分	得分
1	下料应符合设计要求	尺量检查	10	
2	塑钢窗制作	观察；尺量检查	15	
3	开启灵活情况	观察；尺量检查	10	
4	塑钢窗安装	观察；手扳检查	15	
5	密封情况	观察	10	
6	安全、文明操作	目测	10	
7	工效	定额计时	10	
8	安全、环保检查	观察	10	
9	实训总结报告	检查	10	
合计			100	

考评员：　　　　　日期：

103

任务3　门窗套制作安装实训

3.1　实训目的与要求

实训目的：掌握门窗套制作安装过程和质量控制要点。

实训要求：4～6 人一组，配合完成一门套或窗套的制作安装。

3.2　实训准备

1. 主要材料

九厘板、红榉板、钉、胶粘剂等。

2. 作业条件

1）熟悉施工图样和设计说明，木门套施工图如图 5-9 所示。

2）安装门套前，应先检查预留洞口的尺寸是否符合设计要求以及前道工序质量是否能满足安装要求；预埋件的基底是否牢固可靠，安装应在顶棚、墙面及地面抹灰工程完工后进行。门窗洞口应比门窗樘宽 40mm，洞口比门窗樘高出 25mm。

3）检查门窗洞口垂直度和水平度是否符合设计要求。

3. 主要机具

手电钻、射钉枪、角尺、木工铅笔、中锯等。

3.3　施工工艺

施工工艺流程：基层处理→装钉九厘板→粘贴面板。

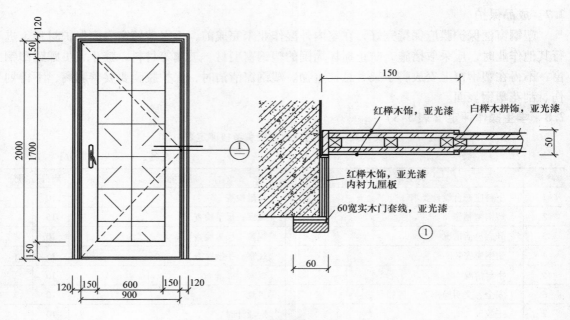

图 5-9   木门套施工图

1. 基层处理

将基层清扫干净。

2. 装钉九厘板

用射钉枪将九厘板钉于基层之上。

3. 粘贴面板

1）应挑选木纹和颜色相近的面板用在同一洞口和同一房间。

2）长度方向需要对接时，木纹应通顺，接头位置应避开视线范围。

3）在九厘板上涂刷胶粘剂，然后粘贴面板。

3.4   施工质量控制要点

1）安装时为防止接槎不正、不平、不严，割角不准，应进行预装，有缺陷应在预装时修理，无误后再固定。

2）安装配料时应在同一部位相接处选择规格一致的加工品，操作中应对准接槎后才可钉固。

3）钉帽露出门窗套的迎面会影响质量，操作时应砸扁钉帽，钉固时应送入板面 1mm。

4）安装贴面板前，检查龙骨架是否牢固、方正、有无偏角，有毛病及时修正。

5）与窗台板结合处要严实。

3.5   质量检查与验收

1. 材料要求

1）木材应采用干燥的木材，含水率不应大于12%。腐朽虫蛀的木材不能使用。一般所使用的木材应提前运到现场放置 10 天以上，尽量与现场湿度相吻合。

2）胶合板应选择不潮湿并无脱胶、开裂、空鼓的板材；饰面胶合板应选择木纹美观、色泽一致、无疤痕、不潮湿、无脱胶和无空鼓的板材。

2. 验收标准和检验方法

1）门窗套制作与安装所使用材料的材质、规格、花纹和颜色、木材的燃烧性能等级和含水率、花岗石的放射性及人造木板的甲醛含量应符合设计要求及国家现行标准的有关规定。

检验方法：观察；检查产品合格证书、进场验收记录、性能检测报告和复验报告。

2）门窗套的造型、尺寸和固定方法应符合设计要求，安装应牢固。

检验方法：观察；尺量检查；手扳检查。

3）门窗套表面应平整、洁净、线条顺直、接缝严密、色泽一致，不得有裂缝、翘曲及损坏。

检验方法：观察。

4）门窗套安装的允许偏差和检验方法应符合表 5-9 的规定。

表 5-9　门窗套安装的允许偏差和检验方法

项次	项　　目	允许偏差/mm	检验方法
1	正、侧面垂直度	3	用 1m 垂直检测尺检查
2	门窗套上口水平度	1	用 1m 水平检测尺和塞尺检查
3	门窗套上口直线度	3	拉 5m 线，不足 5m 拉通线，用钢直尺检查

3.6　安全环保措施

1）施工时严禁有明火。

2）需要高凳作业时，要注意安全，上面施工时，下方不能操作，以免工具落下伤人。

3）及时清理碎料，存放在安全地点。

4）材料应堆放整齐、平稳。

3.7　成品保护

安装时不得损坏装修面层，不得用锤击墙面和门窗框。应注意保护已施工完的墙面、地面、顶棚和窗台不受损坏，保持装饰面层的洁净。

3.8　学生操作评定（表 5-10）

表 5-10　门窗套制作与安装考核评定表

姓名：　　　　　得分：

项次	项目	考核内容	考核标准	满分	得分
1	刨料	平整不翘曲	允许偏差 1mm，超过要求，每点扣 2 分	10	
2	木龙骨	平整牢固	达不到要求，每处扣 3 分；漏刷防火漆，每处扣 2 分	35	
3	表面	平整洁净、线条顺直、接缝严密、色泽一致	部分达不到要求，递减扣分	40	
4	安全操作	安全生产	有事故无分，有事故苗头扣 1～9 分	10	
5	文明施工	落手清	不做落手清无分，做而不清扣 2 分	5	
		合计		100	

考评员：　　　　　日期：

任务4 实木贴面成品门装饰工程实训

4.1 实训目的与要求

实训目的：通过实训使学生掌握实木贴面成品门的施工工艺和主要质量控制要点，了解一些安全、环保的基本知识，并通过实训掌握简单施工工具的操作要领。

实训要求：4人一组完成一个成品木门的安装。

4.2 实训准备

1. 主要材料

1) 木门：由木材加工厂供应的木门框和扇必须是经检验合格的产品，并具有出厂合格证。进场前应对型号、数量及门框、门扇的加工质量进行全面检查（包括缝子大小、接缝平整、几何尺寸及门的平整度等）。制作前的木材含水率不得超过12%，生产厂家应严格控制。

2) 防腐剂：氟硅酸钠，其纯度不应小于95%，含水率不大于1%，细度要求应全部通过1600孔/cm^2的筛。稀释的冷底子油涂刷木材与墙体接触部位进行防腐处理。

3) 钉子、木螺钉、合页、插销、拉手、梃钩、门锁等小五金的种类、规格、型号必须符合图纸要求，并与门框扇相匹配，且产品质量必须合格。

4) 对于不同轻质墙体预埋设的木砖及预埋件等，应符合设计要求。

5) 木制纱门：应与木门配套加工，型号、数量、尺寸符合设计要求，有出厂合格证，压纱条应与裁口相匹配，所用的小钉应配套供应。

6) 所使用材料应符合《民用建筑工程室内环境污染控制规范》的规定。

2. 作业条件

1) 门框应符合图纸要求的型号及尺寸，并注意门扇的开启方向，以确定门框安装时的裁口方向，安装高度应按室内50cm的水平线控制。

2) 门窗框安装应在抹灰前进行，门扇和窗扇的安装宜在抹灰后进行。如必须先安装时，应注意对成品的保护，防止碰撞和污染。

3. 主要机具

粗刨、细刨、裁口刨、单线刨、锯、锤子、斧子、螺钉旋具、线勒子、扁铲、塞尺、线坠、红线包、墨汁、木钻、小电锯等。

4.3 施工工艺

施工工艺流程：弹线找规矩→决定门框安装位置→决定安装标高→安装门框样板→门框安装→门扇安装。

1) 结构工程经过验收合格后，即可进行门安装施工。

2) 根据室内50cm水平线检查门框安装的标高尺寸，对不符合要求的结构边棱应进行处理。

3) 室内外门框应根据图纸位置和标高安装，为保证安装牢固，应提前检查预埋木砖数量是否满足要求，其中1.2m高的门口，每边预埋2块木砖，高1.2~2m的门口，每边预埋木砖3块，高2~3m的门口，每边预埋木砖4块，每块木砖上应钉2根长10cm的钉子，将钉帽砸扁，顺木纹钉入木门框内。

4）采用预埋带木砖的混凝土块与门窗框进行连接的轻质隔墙，其混凝土块预埋的数量，也应根据门口高度设2块、3块、4块，用钉子将其与门框钉牢。采用其他连接方法的应符合设计要求。

5）木门框安装应在地面工程和墙面抹灰施工以前完成。安装门框时，应考虑抹灰层厚度，并根据门尺寸、标高、位置及开启方向，在墙上画出安装位置线；有贴脸的门立框时，门框应凸出墙面，凸出的厚度应等于抹灰层或装饰面层的厚度；门框的安装标高以墙上50cm水平线为准，用木楔将框临时固定于门洞内，用钉子与木砖钉牢，每边不少于2点固定，间距不大于1.2m。

6）若隔墙为加气混凝土条板时，应按要求间距预留45mm的孔，孔深7～10cm，并在孔内预埋蘸水泥胶浆的木橛（木橛直径应略大于孔径，以使其打入牢固），待其凝固后再安装门框。

7）门框安装前应校正方正，必要时加钉拉条避免变形。

8）木门扇的安装

① 先确定门的开启方向及小五金型号、安装位置，对开门扇扇口的裁口位置及开启方向（一般右扇为盖口扇）。

② 检查门口尺寸是否正确、边角是否方正、有无窜角；检查门口高度，应量门的两侧，检查门口宽度，应量门口的上、中、下三点，并在扇的相应部位定点画线。

③ 将门扇靠在框上画出相应的尺寸线，如果扇大，则应根据框的尺寸将大出的部分刨去，若扇小应另加木条，且木条应固定在装合页的一面，用胶粘后并用钉子钉牢，钉帽要砸扁，顺木纹送入框内1～2mm。

④ 第一次修刨后的门扇应以能塞入口内为宜，塞好后用木楔顶住临时固定，按门扇与口边缝宽尺寸合适，画第二次修刨线，标出合页槽的位置（距门扇的上下端各1/10，且避开上、下冒头），同时应注意口与扇安装的平整。

⑤ 门扇第二次修刨，缝隙尺寸合适后，即安装合页。应先用线勒子勒出合页的宽度，根据上、下冒头1/10的要求，钉出合页安装边线，分别从上、下边线往里量出合页长度，剔合页槽，以槽的深度来调整门扇安装后与框平整，刨合页槽时应留线，不应剔得过大、过深。

⑥ 合页距门扇上下端宜取立梃高度的1/10，并应避开上、下冒头。合页槽剔好后，即安装上、下合页，安装时应先拧一个螺钉，然后关上门检查缝隙是否合适，口与扇是否平整，无问题后方可将螺钉全部拧上、拧紧。木螺钉应钉入全长1/3，拧入直径为木螺钉直径的0.9倍、深为螺钉长2/3的孔（打孔后再拧螺钉，以防安装劈裂或将螺钉拧断）。

⑦ 安装对开扇时，应将门扇的宽度用尺量好，再确定中间对口缝的裁口深度。如采用企口榫时，对口缝的裁口深度及裁口方向应满足装锁的要求，然后将四周刨到准确尺寸。

⑧ 五金安装应符合设计图纸的要求，不得遗漏。一般门锁、拉手等距地高度为95～105cm，插销应在拉手下面，门锁不宜安装在冒头与立梃的结合处，对开门装暗插销时，安装工艺同自由门。五金配件安装应用木螺钉固定。硬木应钻木螺钉长2/3深度的孔，孔径应略小于木螺钉直径。

⑨ 安装玻璃门时，一般玻璃裁口在走廊内，厨房、厕所玻璃裁口在室内。

107

⑩ 门扇开启后易碰墙，为固定门扇位置，应安装门碰头，对有特殊要求的关闭门，应安装门扇开启器，其安装方法参照产品安装说明书的要求。

9）木门玻璃的安装应符合下列规定：

① 玻璃安装前应检查框内尺寸，将裁口内的污垢清除干净。

② 安装长边大于1.5m或短边大于1m的玻璃，应用橡胶垫并用压条和螺钉固定。

③ 安装木框、扇玻璃，可用钉子固定，钉距不得大于300mm，且每边不少于两个；用木压条固定时，应先刷底油后安装，并不得将玻璃压得过紧。

④ 安装玻璃隔墙时，玻璃在上框面应留有适量缝隙，防止木框变形损坏玻璃。

⑤ 使用密封膏时，接缝处的表面应清洁、干燥。

4.4　施工质量控制要点

1）有贴脸的门在立口时应注意墙面抹灰层厚度，门框安装完后应与抹灰面齐平。

2）墙体砌筑时应上下左右拉线、找规矩，保证墙体位置和洞口尺寸留设准确，余量大小均匀。安装门框后四周的缝隙不应过大或过小，一般情况下安装门框时，上皮应低于门窗过梁10～15mm。

3）墙体砌筑时应按要求预留木砖，数量不得缺少，木砖预埋必须牢固；砌半砖墙或轻质墙应设置带木砖的混凝土块，不得直接使用木砖，防止灰干后木砖收缩活动；现浇混凝土墙或预制隔墙板，应在制作时将其木砖与钢筋骨架固定在一起，使木砖牢固地固定在预制混凝土墙和隔墙板内。

4）合页槽剔凿要达到深浅一致，要求安装时螺钉应钉入1/3、拧入2/3，拧时不能倾斜；安装时如遇木节，应在木节处钻眼，重新塞入木塞后再拧螺钉，同时应注意每个孔眼都拧好螺钉，不可遗漏。防止合页不平，螺钉松动，螺帽斜露，缺少螺钉。

5）对翘曲超过3mm的门扇，应经过处理后再使用。安装时也可通过五金位置的调整解决门扇的翘曲。

6）要求掩扇前先检查门框立梃是否垂直，如有问题应及时调整，使装扇的上下两个合页轴在一垂直线上，选用五金合适，螺钉安装要平直，合页进框位置适中，防止扇和梃产生碰撞，造成开关不灵活。

7）按要求选用合适的合页，将固定合页的螺钉全部拧上，并使其牢固，防止门扇下坠。

8）安装纱扇应严格控制施工质量并提前将钉帽砸扁，防止安装后纱扇压条不顺、钉帽外露、纱边毛刺。

9）五金安装应保证其位置准确，不得遗漏，以免影响使用。双扇门插销安装在盖扇上，厨房插销安装在室内。

4.5　质量检查与验收

1. 主控项目

1）木门的木材品种、材质等级、规格、尺寸、框扇的线型及人造木板的甲醛含量应符合设计要求。设计未规定材质等级时，所用木材的质量应符合《建筑装饰装修工程质量验收规范》（GB 50210—2001）附录A的规定。

2）木门应采用烘干木材，含水率符合规范要求。

3）木门的防火、防腐、防虫处理应符合设计要求。

4）木门的结合处和安装配件处不得有木节或已填补的木节。木门如有允许限值以内的死节及直径较大的虫眼时，应用同一材质的木塞加胶填补。对于清漆制品，木塞的木纹和色泽应与制品一致。

5）门框和厚度大于50mm的门扇应用双榫连接。榫槽应采用胶料严密嵌合，并应用胶楔加紧。

6）胶合板门、纤维板门和模压门不得脱胶。胶合板不得刨透表层单板，不得有戗槎。制作胶合板门、纤维板门时，边框和横楞应在同一平面上，面层、边框及横楞应加压胶结。横楞和上、下冒头应各钻两个以上的透气孔，透气孔应通畅。

7）木门的品种、类型、规格、开启方向、连接位置及连接方式应符合设计要求。

8）木门框安装必须牢固，预埋木砖的防腐处理及木门框固定点的数量、位置和固定方法应符合设计要求。

9）木门扇必须安装牢固，并应开关灵活，关闭严密，无倒翘。

10）木门配件的型号、规格、数量应符合设计要求，安装应牢固，位置应正确，功能应满足使用要求。

11）建筑外门的安装必须牢固，在砌体上安装门严禁使用射钉固定。

2. 一般项目

1）木门表面应洁净，不得有刨痕、锤印。

2）木门的割角、拼缝应严密平整。门框、扇裁口应顺直，刨面平整。

3）木门上的槽、孔应边缘整齐，无毛刺。

4）木门与墙体间缝隙的填嵌材料应符合设计要求，填嵌应饱满。寒冷地区外门与砌体间的空隙应填充保温材料。木门批水、盖口条、压缝条、密封条的安装应顺直，与门结合牢固、严密。

5）木门进场验收允许偏差和检验方法应符合表5-11的规定。

表5-11　木门进场验收允许偏差和检验方法

项次	项目	构件名称	允许偏差/mm		检验方法
			普通	高级	
1	翘曲	框	3	2	将框、扇平放在检查平台上，用塞尺检查
		扇	2	2	
2	对角线长度差	框、扇	3	2	用钢尺检查，框量裁口里角，扇量外角
3	表面平整度	扇	2	2	用1m靠尺和塞尺检查
4	高度、宽度	框	0；−2	0；−2	用钢尺检查，框量裁口里角，扇量外角
		扇	2；0	1；0	
5	裁口、线条结合处高低差	框、扇	1	0.5	用钢直尺和塞尺检查
6	相邻棂子两端间距	扇	2	1	用钢直尺检查

6）木门安装的留缝限值、允许偏差和检验方法应符合表5-12的规定。

表5-12　木门安装的留缝限值、允许偏差和检验方法

项次	项目		留缝限值/mm		允许偏差/mm		检 验 方 法
			普通	高级	普通	高级	
1	门槽口对角线长度差		—	—	3	2	用钢尺检查
2	门框的正、侧面垂直度		—	—	2	1	用1m垂直检测尺检查
3	框与扇、扇与扇接缝高低差		—	—	2	1	用钢直尺和塞尺检查
4	门扇对口缝		1~2.5	1.5~2	—	—	用塞尺检查
5	工业厂房双扇大门对口缝		2~5	—	—	—	
6	门扇与上框间留缝		1~2	1~1.5	—	—	
7	门扇与侧框间留缝		1~2.5	1~1.5	—	—	
8	门扇与下框间留缝		3~5	3~4	—	—	
9	双层门内外框间距		—	—	4	3	用钢尺检查
10	无下框时门扇与地面间留缝	外门	4~7	5~6	—	—	用塞尺检查
		内门	5~8	6~7	—	—	

4.6　安全环保措施

1）施工现场严禁扬尘作业，清理打扫时必须洒少量水湿润后方可进行。

2）小型电动工具必须安装漏电保护装置，使用时应试运转合格后方可操作。

3）在施工过程中防治噪声污染，选择使用低噪声的设备，也可以采取其他降低噪声的措施。

4.7　成品保护

1）一般木门框安装后应用厚铁皮保护，其高度以手推车车轴中心为准，如木框安装与结构同时进行，应采取措施防止门框碰撞后移位或变形。对于高级硬木门框，宜用厚1cm的木板条钉设保护，防止砸碰、破坏裁口，影响安装。

2）修刨门时应用木卡具，将门垫起卡牢，以免损坏门边。

3）门框进场后应妥善保管，入库存放，门存放架下面应垫起，离开地面20~40cm，并垫平，按其型号及使用的先后次序码放整齐。露天临时存放时，上面应用苫布盖好，防止日晒、雨淋。

4）进场的木门框应将靠墙的一面刷木材防腐剂进行处理，其余各面应刷清油一道，防止受潮后变形。

5）安装门时应轻拿轻放，防止损坏成品；修整门时不能硬撬，以免损坏扇料和五金。

6）安装门扇时，注意防止碰撞抹灰口角和其他装饰好的成品面层。

7）已安装好的门扇如不能及时安装五金时，应派专人负责管理，防止刮风时损坏门窗及玻璃。

8）小五金的安装，型号及数量应符合图纸要求，安装后应注意成品保护，喷浆时应遮盖保护，以防污染。

9）门扇装好后不得在室内推车，防止破坏和砸碰门。

4.8 学生操作评定（表 5-13）

表 5-13 实木贴面成品门装饰工程实操评定表

姓名： 得分：

序号	评分项目	评定方法	满分	得分
1	翘曲	将框、扇平放在检查平台上，用塞尺检查	15	
2	对角线长度差	用钢尺检查，框量裁口里角，扇量外角	10	
3	表面平整度	用 1m 靠尺和塞尺检查	15	
4	高度、宽度	用钢尺检查，框量裁口里角，扇量外角	20	
5	裁口、线条结合处高低差	用钢直尺和塞尺检查	20	
6	相邻棂子两端间距	用钢直尺检查	20	
合计			100	

考评员： 日期：

项目六 ▶▶▶▶▶

楼地面装饰工程

任务1 陶瓷地砖铺贴实训

1.1 实训目的与要求

实训目的：通过实训，使学生熟悉板块地面的施工过程，掌握其施工要点和质量要求。

实训要求：4人一组，铺贴 10m² 左右陶瓷地砖地面。

1.2 实训准备

1. 主要材料

1）水泥：一般采用强度等级为 32.5 或 42.5 矿渣硅酸盐水泥或普通硅酸盐水泥。水泥应有出厂合格证及性能检测报告。水泥进场需核查其品种、规格、强度等级、出厂日期等，并进行外观检查，做好进场验收记录。

2）砂：使用中砂，平均粒径为 0.35～0.5mm，砂颗粒要求坚硬洁净，不得含有草根、树叶等其他杂质。砂在使用前应根据使用要求用不同孔径的筛子过筛，含泥量不得大于3%。

3）陶瓷地砖：陶瓷地砖要精心挑选，外形歪斜、缺棱、掉角、翘棱、裂缝、颜色不均的应剔除。不同规格的面砖要分别堆放。同规格的面砖用套模筛分成大、中、小三类，再根据各类面砖分别确定使用的部位。

2. 作业条件

1）铺贴陶瓷地砖应该在顶棚、墙面抹灰、墙裙和踢脚线施工后进行。

2）弹好墙身 +500mm 水平线。

3）吸水率较大的陶瓷地砖，应在使用前浸泡在干净水中2h，捞出擦水晾干备用。吸水率1%以下的瓷质砖可不浸水。

4）对复杂的陶瓷地面工程，应绘制施工大样并做出样板间，经设计单位、甲方、施工单位协商同意后，方可正式施工。

3. 主要机具

贴面装饰施工除一般抹灰常用的工具外，根据饰面的不同，还需要一些专用工具，如镶贴饰面砖拨缝用的开刀、安装或镶贴饰面板敲击振动使用的橡胶锤、釉面砖切割机、切砖刀、水平尺、墨斗、灰起子、靠尺板、木锤、薄钢片等。

1.3 施工工艺

基层处理→水泥砂浆打底→做冲筋→抹找平层→规方、弹线、拉线→铺贴地砖→拨缝、调整→勾缝→养护。

1. 基层处理

水泥基层地面已抹光的，需要清理干净后做凿毛处理，或甩水泥素浆（加白乳胶液适量）做均匀牢固的拉毛层。原基层有油泥污垢的，需要用 10% 火碱水刷洗干净后，并用清水冲洗扫净，认真将地面凹坑内的污物彻底剔刷干净。遇混凝土毛面基层，需用清水冲刷，去除浮土、灰尘。基层松散处，剔除干净后应做补强处理。

2. 水泥砂浆打底

在清理好的基层上浇水润透地面，撒素水泥粉，随后用扫帚扫匀。撒素水泥粉的面积应根据打底、铺灰速度而定。

3. 做冲筋

房间四周从 +500mm 水平线下返，弹出地面砖上平线和找平层基准上面线，用与找平层相同的水泥砂浆抹标志块（灰饼），与找平层上面线齐平，然后做冲筋。在大房间中每隔 1～1.5m 左右冲筋一道。有地漏的房间，应向地漏处做具有 5% 坡度的放射状冲筋，以确保地漏处为房间最低处，便于排水畅通。冲筋使用干硬性砂浆，厚度控制在 20～30mm。

4. 抹找平层

用 1:3 的水泥砂浆，根据冲筋的标高填砂浆至比标筋稍高一些，然后拍实，再用小刮尺刮平，使展平的砂浆与冲筋找齐，用大木杠横竖检查其平整度，并检查标高及泛水是否符合要求，然后用木抹子搓毛，并划出均匀的一道道梳子式痕迹，以便确保与粘结层的牢固结合。24h 后浇水养护找平层。

5. 规方、弹线、拉线

在房间纵横两个方向排好尺寸，将缝宽按设计要求计算在内，如缝宽设计无要求，一般为 2mm，最大不超过 10mm；当尺寸不足整砖的倍数时，可用切砖机切割成半块用于边角处；尺寸相差较小时，可用调整砖缝的方法来解决。根据确定后的砖数和缝宽，先在房间中部弹十字线，然后弹纵横控制线，每隔 2～4 块砖弹一根控制线或在房间四周贴标砖，以便拉线控制方正和平整度，如图 6-1 所示。

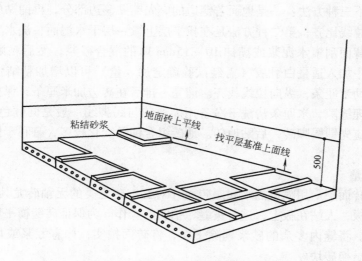

图 6-1　弹中部十字线和纵横控制线

6. 铺贴地砖

铺室内地砖有多种方法，独立小房间可以从里边的一个角开始。相连的两个房间，应从相连的门中间开始。一般从门口开始，纵向先铺几行砖，找标准，标砖高应与房间四周墙上砖面控制线齐平，从里向外退着铺砖，每块砖必须与线靠平。两间相通的房间，则从两个房间相通的门口划一中心线贯通两间房，再在中心线上先铺一行砖，以此为准，然后向两边方向铺砖。如图6-2所示。

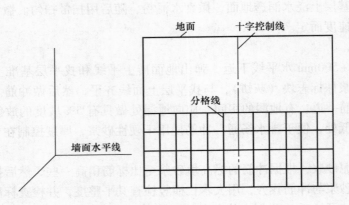

图6-2 双向铺地砖方法

具体操作方法：先在找平层上浇水泥素浆，并扫平。边浇灰，边铺砖，分块进行。砖背面抹匀、抹满1:2.5或1:2的粘结砂浆，厚度为10~15mm，砂浆应随拌随用，以防干结，影响粘结效果。按照纵横控制线将抹好砂浆的地砖，准确地铺贴在浇好水泥素浆的找平层上，砖的上棱要跟线找平，随时注意横平竖直。用木拍板或木锤（橡皮锤）敲实，找平，要经常用八字尺侧口检查砖面平整度，贴得不实或低于水平控制线高度的要抠出，补浆重贴，再压平敲实。

铺砖还有以下三种方法：一是地面若镶边的应先铺贴镶边部分，再铺贴中间图案和其他部分，铺砖要靠拉线比齐；第二种方法是在找平层上撒一层干水泥面，浇水后随即铺砖；第三种方法是在砖背面刮素水泥浆或满抹10~15mm厚的混合砂浆，然后粘贴，用小木锤拍实。如果在水泥中加入适量白乳胶（需经试验确定加入量）可以增加粘结强度。若设计是宽缝时，横向借助米厘条，纵向拉线找齐。铺完一排后在砖边加米厘条，保持一段时间后取出米厘条，并清理缝隙，米厘条清洗干净备用。地砖与踢脚线一般是同颜色，长度也相同，以求协调统一。应先铺踢脚砖，后贴地砖。地砖组合铺贴变化较多，有利于提高地砖装饰艺术感。

7. 拨缝、调整

在已铺完的砖面层上用喷壶洒水润湿砖面（对红缸砖之类的无釉砖尤其必要），然后垫一块大而平的木板，人站在板上，进行拨缝、拍实的操作。为保证砖缝横平竖直，可拉线比齐进行拨缝处理。将缝内多余的砂浆剔除干净，将砖面拍实，如有亏浆或坏砖，应及时抠除，添浆重贴或更换砖块。

8. 勾缝

在地砖铺贴1~2d后，先清除砖缝灰土，按设计要求配制1:1水泥砂浆或纯水泥浆勾缝或擦缝，砂子要过筛。勾缝要密实，缝内要平整光滑。如设计不留缝隙，接缝也要纵横平直，在拍平修理好的砖面上，撒干水泥面，用水壶浇水，用扫帚将水泥扫入缝内灌满，并及时用木拍板拍振，将水泥浆灌实挤平，最后在地砖面上洒干锯末吸湿并扫净，在水泥砂浆凝固后用抹布、棉纱或擦锅球（金属丝绒）彻底擦净水泥痕迹，清洁瓷砖地面。

9. 养护

地砖铺完后，应在常温下 48h 盖锯末浇水养护 3~4d。养护期间不得上人，直至达到强度，以免影响铺贴质量。

1.4　施工质量控制要点

1）为防止出现空鼓、起拱现象，基层必须处理合格，不得有浮土、浮灰；铺结合层水泥砂浆时，基层上水泥素浆应均匀，不漏刷，不积水，不干燥；随刷随铺摊结合层，结合层砂浆必须采用干硬性砂浆；干撒水泥时应撒匀，浇水要匀而少量；铺贴后，砖要压紧。

2）地砖在铺贴前应用清水浸泡 2~3h，取出晾干再用，以免影响其凝结硬化，发生空鼓、起壳等问题。

3）严格选材，翘曲、不平的不合格产品及厚薄不均者剔除或集中使用，以免出现相邻地砖高低差超标。

4）室内抹灰要找好方正、规矩，认真弹线、定位，严格按纵横控制线施工，缝隙均匀，避免在地面阴角出现大小头现象。

5）地面砖施工应在墙面、顶棚抹灰之后进行，做油漆浆活时应注意保护地面成品；铺地砖时砖缝中挤出的水泥浆应及时擦净。

1.5　质量检查与验收

1）面层所用的板块的品种、质量必须符合设计要求。

检验方法：观察检查和检查材质合格证明文件及检测报告。

2）面层与下一层的结合（粘结）应牢固，无空鼓。

检验方法：用小锤轻击检查。

注：凡单块砖边角有局部空鼓，且每自然间（标准间）不超过总数的 5% 时可不计。

3）砖面层的表面应洁净，图案清晰，色泽一致，接缝平整，深浅一致，周边顺直。板块无裂纹、掉角和缺棱等缺陷。

检验方法：观察检查。

4）楼层邻接处的镶边用料及尺寸应符合设计要求，边角整齐、光滑。

检验方法：观察和用钢尺检查。

5）踢脚线表面应洁净，高度一致，结合牢固，出墙厚度一致。

检验方法：观察和用小锤轻击及钢尺检查。

6）楼梯踏步和台阶板块的缝隙宽度应一致、齿角整齐；楼层梯段相邻踏步高度差不应大于 10mm；防滑条顺直。

检验方法：观察和用钢尺检查。

7）砖面层表面的坡度应符合设计要求，不倒泛水，无积水；与地漏、管道结合处应严密牢固，无渗漏。

检验方法：观察、泼水或坡度尺及蓄水检查。

8）砖面层的允许偏差应符合表 6-1 的规定。

检验方法：应按表 6-1 中的检验方法检验。

表 6-1 陶瓷地砖面层允许偏差和检验方法

序号	检查项目	允许偏差/mm	检验方法
1	表面平整度	2.0	用 2m 靠尺和楔形塞尺检查
2	缝格平直	3.0	拉 5m 线用钢尺检查
3	接缝高低差	0.5	用钢尺和楔形塞尺检查
4	踢脚线上口平直	3.0	拉 5m 线和用钢尺检查
5	板块间隙宽度	2.0	用钢尺检查

1.6 安全环保措施

1）在施工过程中防止噪声污染，在噪声敏感区域宜选择使用低噪声的设备，也可以采取其他降低噪声的措施。

2）胶粘剂等材料必须符合环保要求，无污染。

3）禁止穿拖鞋、高跟鞋进入现场操作。

4）进行铺贴操作时应防止砂浆进入眼内。

5）使用砂轮等手持电动机具，必须装有漏电保护器，作业前应试机检查，作业时应戴绝缘手套。

6）施工垃圾要集中堆放，严禁将垃圾随意堆放或抛撒。施工垃圾应由合格单位组织消纳。

7）大风天严禁筛制砂料、石灰等材料。

8）在运输、堆放、施工过程中应注意避免扬尘、遗撒、沾带等现象，应采取遮盖、封闭、洒水、冲洗等必要措施。

9）运输、施工所用车辆、机械的废气、噪声等应符合环保要求。

1.7 成品保护

1）铺贴完地面砖后应及时清理表面，做好成品保护，避免水泥等杂物对其造成污染而影响美观。

2）在铺贴地面砖操作过程中，对已安装好的门框、管道都要加以保护，如门框钉装保护铁皮，运灰车采用窄车等。

3）切割地砖时，不得在刚铺贴好的砖面层上操作。

4）铺贴后砂浆抗压强度达 1.2MPa 时，方可上人进行操作，但必须注意油漆、砂浆不得存放在板块上，铁管等硬器不得碰坏砖面层。进行墙面喷浆时，要对面层进行覆盖保护。

1.8 学生操作评定（表 6-2）

表 6-2 地面砖镶贴实操考评表

姓名： 得分：

项次	项目	检查方法和标准	满分	得分
1	操作规则	观察，有违规一次扣 3~5 分	5	
2	场地整洁	操作场地及时清理，有违规一次扣 3~5 分	5	

（续）

项次	项　　目	检查方法和标准	满分	得分
3	构件尺寸	尺量，误差不超过 5mm，超过则每处扣 2 分	5	
4	垂直度	托线板检查，误差不超过 2mm，超过则每处扣 1 分	10	
5	水平与坡度	拉线检查，误差不超过 2mm，超过则每处扣 3 分	10	
6	表面平整度	托线板、塞尺检查，误差不超过 2mm，超过则每处扣 3 分	10	
7	表面方正度	实测，误差不超过 2mm，超过则每处扣 2 分	10	
8	砖排列与平整	实测，误差不超过 1mm，超过则每处扣 2 分	10	
9	砂浆粘贴率	实测，大于 90% 不达标，每处扣 2 分	10	
10	边的质量	托线板检查，误差不超过 2mm，超过则每处扣 3 分	10	
11	缝的质量	拉线检查，误差不超过 1mm，超过则每处扣 3 分	10	
12	砖的切割	切割平直，误差不超过 2mm，超过则每处扣 3 分	5	
	合　　计		100	

考评员：　　　　　日期：

任务 2　木地板铺贴实训（实铺式）

2.1　实训目的与要求

实训目的：通过实训让学生掌握木地板实铺的施工操作过程，了解木地板质量验收要点。

实训要求：4 人一组，完成 10～15m² 木地板的铺设。

2.2　实训准备

1. 主要材料

1）长条木地板宜用红松、云杉或耐磨、不易腐朽、不易开裂的木材做成，每块板宽度不超过 120mm，厚度应符合设计要求，侧面带企口，顶面应刨平。

拼花木地板面层采用的木材树种应按设计选用，设计无要求时，应用水曲柳、核桃木、柞木等质地优良、不易腐朽开裂的木材，并做成企口、截口或平头接缝。拼花木地板的长度、宽度和厚度均应符合设计要求。长条及拼花木地板均应有商品检验合格证。

2）双层板下的毛地板、木板面下木搁栅和垫木均要做防腐处理，其规格、尺寸应符合设计要求。

3）实木踢脚板，其宽度、厚度应按设计要求的尺寸加工，含水率不得超过 12%，背面应满涂防腐剂，花纹和颜色应力求与面层地板相同。

4）其他材料：木楔、防潮纸、氟化钠或其他防腐材料，8～10 号镀锌钢丝、5～10cm 钉子、扒钉、镀锌木螺钉、1mm 厚钢垫、隔声材料等。

2. 作业条件

1）墙、顶抹灰完，门框安装完，已弹好 +500mm 水平标高线。

2）屋面防水、穿楼面管线均已做完，管洞已堵塞密实。预埋在地面内电线管已做完。

3）暖、卫管道试水、打压完成，并已经验收合格。

4）房间四周弹好踢脚板上口水平线，并已预埋好固定木踢脚的木砖（必须经防腐处理）。

5）凡是与混凝土或砖墙基体接触的木料，如木搁栅、踢脚板背面、地板底面、剪刀撑、木楔子、木砖等，均应预先满涂防腐材料。

6）木地板采用空铺法时，按设计要求的尺寸砌好垄墙，每道墙留120mm×120mm通风洞2个，并预埋好钢丝，墙顶抹一层防水砂浆。

7）木地板采用实铺法时，预先在垫层内预埋好钢丝。

3. 主要机具

斧子、锤子、冲子、凿子、改锥、方尺、钢尺、墨斗、小电锯、小电刨、刨地板机、磨地板机、手锯、手刨、单线刨等。

4. 木基层准备

实铺式木基层施工主要是解决如何将木搁栅固定及找平的问题。对于现浇钢筋混凝土楼板，可用预埋镀锌钢丝或"几"形铁件的办法，也可采用埋木楔的方法（用φ16的冲击电钻在水泥地面或楼板上钻孔，洞孔深40mm左右，钻孔的位置应在地面弹出的搁栅位置上，两孔间隔0.8m左右，然后向孔内打入木楔）将木搁栅固定于楼板上。对于预制圆孔板或首层基底，可以在垫层混凝土或细石混凝土找平层中预埋镀锌钢丝（图6-3）或"几"形铁件（图6-4）。木搁栅使用前要进行防腐处理，钢丝绑扎为800mm间距。固定时将搁栅上皮削成10mm×10mm的凹槽，以便钢丝嵌卧在凹槽内，使搁栅表面保持平整。

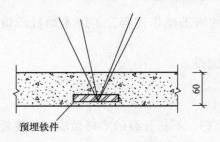

图6-3 预埋镀锌钢丝做法

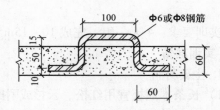

图6-4 预埋铁件做法

木搁栅断面通常加工成梯形，这样可节省木材，同时也有利于稳固。搁栅与搁栅之间的空腔内，填充一些轻质材料，如矿棉毡、蛭石等。此外还要设置横撑，间距1500mm左右，与搁栅垂直相交用铁钉固定。木搁栅上皮要平整，标高应符合设计要求。

2.3 施工工艺

安装木搁栅→钉木地板→刨平→净面细刨、磨光→安装踢脚板。

1. 安装木搁栅

先在楼板上弹出各木搁栅的安装位置线（间距约400mm）及标高，将搁栅（断面呈梯形，宽面在下）放平、放稳，并找好标高，将预埋在楼板内的钢丝拉出，捆绑好木搁栅（如未预埋镀锌钢丝，可按设计要求用膨胀螺栓等方法固定木搁栅），然后把干炉渣或其他保温材料塞满两搁栅之间。

2. 钉木地板

（1）条板实铺钉 从墙的一边开始铺钉企口条板，靠墙的一块板应离墙面有 10～20mm 缝隙，以后逐块排紧，用钉从板侧凹角处斜向钉入，钉长为板厚的 2～2.5 倍，钉帽要砸扁，企口条板要钉牢、排紧，如图 6-5 所示。板的排紧方法一般可在木搁栅上钉扒钉一只，在扒钉与板之间夹一对实木楔，打紧实木楔就可以使板排紧。钉到最后一块企口板时，因无法斜着钉，可用明钉钉牢，钉帽要砸扁，冲入板内。企口板的接头要在搁栅中间，接头要互相错开，板与板之间应排紧，搁栅上临时固定的木拉条，应随企口板的安装随时拆去，铺钉完之后及时清理干净，先垂直木纹方向粗刨一遍，再依顺木纹方向细刨一遍。

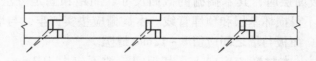

图 6-5 企口暗钉做法

（2）拼花木地板铺钉 实木地板下层一般都钉毛地板，可采用纯楞料，其宽度不宜大于 120mm，毛地板与搁栅成 45°或 30°方向铺钉，并应斜向钉牢，板间缝隙不应大于 3mm，毛地板与墙之间应留 10～20mm 缝隙，每块毛地板应在每根搁栅上各钉两个钉子固定，钉子的长度应为板厚的 2.5 倍。铺钉拼花木地板前，宜先铺设一层沥青纸（或油毡），以隔声和防潮。在铺钉实木拼花木地板前，应根据设计要求的地板图案，在房间中央弹出图案墨线，再按墨线从中央向四边铺钉。有镶边的图案，应先钉镶边部分，再从中央向四边铺钉，各块木板应相互排紧，对于企口拼装的实木地板，应从板的侧边斜向钉入毛地板中，钉头不要露出，钉长为板厚的 2～2.5 倍。当木板长度小于 30cm 时，侧边应钉两个钉子，长度大于 30cm 时，应钉入 3 个钉子，板的两端应各钉 1 个钉固定。板块间缝隙不应大于 0.3mm，面层与墙之间缝隙应以木踢脚板封盖。钉完后，清扫干净并刨光，刨刀吃口不应过深，防止板面出现刀痕。

（3）拼花木地板粘结 采用沥青胶结料铺贴拼花木地板面层时，其下一层应平整、洁净、干燥，并应先涂刷一遍同类底子油，然后用沥青胶结料随涂随铺，其厚度宜为 2mm，在铺贴时，木板块背面亦应涂刷一层薄而均匀的沥青胶结料。当采用胶粘剂铺贴拼花板面层时，胶粘剂应通过试验确定。胶粘剂应存放在阴凉通风、干燥的室内。超过生产期 3 个月的产品，应取样检验，合格后方可使用，超过保质期的产品不得使用。

3. 净面细刨、磨光

地板刨光宜采用地板刨光机（或六面刨），转速在 5000r/min 以上。长条地板应顺木纹刨，拼花地板应与地板木纹成 45°斜刨。刨时不宜走得太快，刨口不要过大，要多走几遍，地板机不用时应先将机器提起关闭，防止啃伤地面。机器刨不到的地方要用手刨，并用细刨净面。地板刨平后，应使用地板磨光机磨光，所用砂布应先粗后细，砂布应绷紧绷平，磨光方向及角度与刨光方向相同。

4. 安装踢脚板

木踢脚应提前刨光，在靠墙的一面开成凹槽，并每隔 1m 钻 6mm 直径的通风孔，在墙上应每隔75cm砌防腐木砖，在防腐木砖外面钉防腐木块，再把踢脚板用明钉钉牢在防腐木块上，钉帽砸扁冲入木板内，踢脚板板面要垂直，上口呈水平，在木踢脚板与地板交角处，钉三角木条，以盖住缝隙。木踢脚板阴阳角交角处应切割成45°角后再进行拼装，踢脚板的接头应固定在防腐木块上。

2.4 施工质量控制要点

1）实木地板面层厚度应符合设计要求。实木地板面层的条材和块材应采用具有商品检验合格证的产品，其产品类别、型号、检验规则以及技术条件等均应符合现行国家标准《实木地板》（GB/T 15036）的规定。

2）铺设实木地板面层时，其木搁栅的截面尺寸、间距和固定方法等均应符合设计要求。木搁栅固定时，不得损坏基层和预埋管线。木搁栅应垫实钉牢，与墙之间应留出30mm的缝隙，表面应平直。面板与墙之间应留8～12mm缝隙。

3）毛地板铺设时，木材髓心应向上，其板间缝隙不应大于3mm，与墙之间应留8～12mm空隙，表面应刨平。

4）采用实木制作的踢脚线，背面应开槽并做防腐处理。

5）搁栅须使用干燥木材，含水率在12%以下，搁栅施工后必须刨平一致，用水平线统一搁栅高度，否则日后因压力的作用，会产生地板之间的游离裂缝。

6）如地面环境潮湿，要进行防潮处理，同时地板背面涂一层防潮保护漆，特别是和厨房及卫生间相接部分地板背侧面要涂漆保护和防潮隔离处理。新建住宅地面要用防潮涂料涂刷做防潮隔离处理。

7）施工时地板横向靠墙面须留10mm左右空间，以防止由于气候变化而引起的地板伸缩。

8）地板与地板的接口不能用胶水，必须要用地板钉从启口处按45°钉在龙骨上。

9）地板拼装完毕，必须在当天立即用封固底漆涂装一遍进行保护，如搁置太长时间，未漆地板易受潮或变干，一旦污染也难以清理。

10）近窗、近阳台处不允许受强烈阳光暴晒，以免地板因暴晒而产生变形。

2.5 质量检查与验收

1）实木地板面层所采用的材质和铺设时的木材含水率必须符合设计要求。木搁栅、垫木和毛地板等必须做防腐、防蛀处理。

检验方法：观察检查和检查材质合格证明文件及检测报告。

2）木搁栅安装应牢固、平直。

检验方法：观察、脚踩检查。

3）面层铺设应牢固；粘结无空鼓。

检验方法：观察、脚踩或用小锤轻击检查。

4）实木地板面层应刨平、磨光，无明显刨痕和毛刺等现象；图案清晰、颜色均匀一致。

检验方法：观察、手摸和脚踩检查。

5）面层缝隙应严密；接头位置应错开，表面洁净。

检验方法：观察检查。

6）拼花地板接缝应对齐，粘、钉严密；缝隙宽度均匀一致；表面洁净，无溢胶。

检验方法：观察检查。

7）踢脚线表面应光滑，接缝严密，高度一致。

检验方法：观察和钢尺检查。

8）实木地板面层的允许偏差应符合表6-3的规定。

检验方法：应按表6-3中的检验方法检验。

表6-3　木面层的允许偏差和检验方法

项次	项目	允许偏差/mm				检验方法
		实木地板面层			实木复合地板、中密度强化复合地板面层	
		松木地板	硬木地板	拼花地板		
1	板面缝隙宽度	1.0	0.5	0.2	0.5	用钢尺检查
2	表面平整度	3.0	2.0	2.0	2.0	用2m靠尺和楔形塞尺检查
3	踢脚线上口平齐	3.0	3.0	3.0	3.0	拉5m通线，不足5m拉通线和用钢尺检查
4	板面拼缝平直	3.0	3.0	3.0	3.0	
5	相邻板材高差	0.5	0.5	0.5	0.5	用钢尺检查和楔形塞尺检查
6	踢脚线上口平直	1.0				用楔形塞尺检查

2.6　安全环保措施

1）在运输、堆放、施工过程中应注意避免扬尘、遗撒、沾带等现象，应采取遮盖、封闭、洒水、冲洗等必要措施。

2）运输、施工所用车辆、机械排放的废气、噪声等应符合环保要求。

3）电气装置应符合施工用电安全管理规定。

2.7　成品保护

1）铺钉地板和踢脚板时，注意不要损坏墙面抹灰和木门框。

2）地板材料进现场后，经检验合格，应码放在室内，分规格码放整齐，使用时轻拿轻放，不可以乱扔乱堆，以免损坏棱角。

3）铺钉木地板面层时，操作人员要穿软底鞋，且不得在地面上敲砸，防止损坏面层。

4）木地板铺设应注意施工环境的温度、湿度的变化，施工完应及时覆盖塑料薄膜，防止开裂及变形。

5）地板磨光后及时刷油和打蜡。

6）通水和通暖气时设专人观察管道节门、三通弯头、风机盘管等处，防止渗漏浸泡地板，造成地板开裂及起鼓。

2.8　学生操作评定（表6-4）

表6-4　木地板实铺考核评定表

姓名：　　　　得分：

项次	项目	考核内容	考核方法	满分	得分	备注
1	基层处理	方法、质量	准确，正确。递减扣分	10		
2	弹线	方法、质量	准确，正确。递减扣分	10		
3	木搁栅安装	方法、质量	准确，正确。递减扣分	20		

（续）

项次	项目	考核内容	考核方法	满分	得分	备注
4	接缝	方法、质量	准确，正确。递减扣分	10		
5	面层铺设	方法、质量	方法正确、线准确、合理。酌情扣分	20		
6	踢脚线	方法、质量	方法正确、质量合格。酌情扣分	20		
7	安全文明施工	安全生产、落手清	出现重大安全事故本项目不合格，出现一般事故扣10分，出现事故苗子扣2分；落手清未做扣10分，做而不清扣2分	10		
合计				100		

考评员：　　　　　　　　　日期：

任务3　地毯铺贴实训

3.1　实训目的与要求

实训目的：通过实训让学生掌握地毯铺贴的施工操作过程，了解地毯铺贴的质量验收要点。

实训要求：4人一组，完成 10~15m² 地毯的铺设。

3.2　实训准备

1. 主要材料

1）地毯性能质量应符合设计要求和有关标准的规定，并有产品合格证。根据铺设面积，合理选购适当规格的地毯，以最省料为度。

2）衬垫数量、品种应符合要求。

3）地毯胶粘剂用天然乳胶加增稠剂、防霉剂配制而成，要求有足够的粘结强度，又便于撕下且不留痕迹。

4）倒刺钉板条、铝合金倒刺条、铝压条等。铝压条为2mm厚，截面呈Y字形。

2. 作业条件

1）在铺设地毯前，室内装饰装修施工完毕。

2）铺设地面地毯必须加做防潮层（如一毡二油防潮层），并在防潮层上面做50mm厚1:2:3细石混凝土，1:1水泥砂浆压实赶光，要求表面平整、光滑、洁净，应具有一定的强度，含水率不大于8%。

3）地毯、衬垫和胶粘剂等进场后应检查核对数量、品种、规格、颜色、图案等是否符合设计要求，应将品种、规格不同的地毯分别存放在干燥的仓库或房间内。使用前要预铺、配花、编号，待铺设时按号取用。同时核查产品质量证明文件及检测报告，注意有害物质环保限量技术指标。

4）对需要铺设地毯的房间、走道等四周的踢脚板事先做好。踢脚板下口应离开地面8mm左右，以便将地毯毛边掩入踢脚板下；大面积施工前应在施工区域内放出施工大样，并做样板，经鉴定合格后按照样板的要求施工。

3. 主要机具

裁边机、地毯撑子（大撑子撑头、大撑子撑脚、小撑子）、扁铲、墩拐、手枪钻、割

122

刀、剪刀、尖嘴钳子、漆刷橡胶压边滚筒、烫斗、角尺、直尺、手锤、钢钉、小钉、吸尘器、垃圾桶、盛胶容器、钢尺、盒尺、弹线粉袋、小线、扫帚、胶轮轻便运料车、铁簸箕、棉丝和工具袋等。

3.3 施工工艺

地毯的铺设方法分非固定式和固定式两种。非固定式铺设是将地毯裁成需要尺寸直接摊铺在地面上，不用时则卷起；固定式铺设则有粘结法和拉结法铺设两种工艺，以下是拉结法铺设施工操作工艺。

基层处理→弹线、套方、分格、定位→地毯剪裁→钉倒刺板→铺弹性垫层→地毯铺设→细部处理及清理。

1. 基层处理

将铺设地毯的地面清理干净，保证地面干燥，并且要有一定的强度。检查地面的平整度偏差不大于4mm，地面基层含水率不大于8%，满足要求后再进行下一道工序。

2. 弹线、套方、分格、定位

按照设计图纸要求对房间的各个部分进行弹线、套方、分格。如无设计要求时应按照房间对称找中并弹线定位铺设。

3. 地毯剪裁

地毯裁割应在比较宽阔的地方统一进行，并按照每个房间的实际尺寸计算地毯的裁割尺寸，要求在地毯背面弹线、编号。原则是地毯的经线方向应与房间长度一致。地毯的每一边长度应比实际尺寸要长出2cm左右，宽度方向要以地毯边缘线的尺寸计算。按照背面的弹线用剪刀从背面裁切，并将裁切好的地毯编上号，存放在相应的房间。

4. 钉倒刺板

沿房间墙边或走道四周的踢脚板边缘，用高强水泥钉将倒刺板固定在基层上，水泥钉长度一般为4~5cm，倒刺板离踢脚板面8~10mm；钉倒刺板应用钢钉，相邻两个钉子的距离控制在300~400mm；钉倒刺板时应注意不得损坏踢脚板。

5. 铺弹性垫层

垫层应按照倒刺板的净距离下料，避免铺设后垫层皱褶，覆盖倒刺板或远离倒刺板。设置垫层拼缝时应考虑到与地毯拼缝至少错开150mm。衬垫用点粘法刷聚酯乙烯乳胶，粘贴在地面上。

6. 地毯拼缝

拼缝前要判断好地毯的纺织方向，以避免缝两边的地毯绒毛排列方向不一致。地毯缝用地毯胶带连接，在地毯拼缝位置的地面上弹一直线，按照线将胶带铺好，两侧地毯对缝压在胶带上，然后用熨斗在胶带上熨烫，使胶层溶化，随熨斗的移动立即把地毯紧压在胶带上。接缝以后用剪子将接口处的绒毛修齐。

7. 找平

先将地毯的一条长边固定在倒刺板上，并将毛边塞到踢脚板下，用地毯撑拉伸地毯。拉伸时，先压住地毯撑，用膝撞击地毯撑，从一边一步一步推向另一边，由此反复操作将四周的地毯定在四周的倒刺板上，并将长出的部分裁割。

8. 固定收边

地毯挂在倒刺板上要轻轻敲击一下，使倒刺全部勾住地毯，以免挂不实而引起地毯松弛。地毯全部展平拉直后应把多余的地毯边裁去，再用扁铲将地毯边缘塞进踢脚板和倒刺之间。当地毯下无衬垫时，可在地毯的拼接和边缘处采用麻布带和胶粘剂粘接固定（多用于化纤地毯）。

9. 细部处理、修整、清理

施工要注意门口压条的处理和门框、走道与门厅等不同部位、不同材料的交圈和衔接收口处理；固定、收边、掩边必须粘结牢固，不应有显露、找补等破活，特别注意拼接地毯的色调和花纹的对形，不能有错位等现象。铺设工作完成后，因接缝、收边裁下的边料和因扒齿拉伸掉下的绒毛、纤维应打扫干净，并用吸尘器将地毯表面全部吸一遍。

3.4 施工质量控制要点

1）地面应清扫干净，不留石料、木屑等杂物，地面必须平整、干净、干燥；刷胶均匀，并压贴密实，以保证粘结牢靠，防止脱落。

2）铺设前应根据房间情况标出基准线，将突出地面或凹陷处清理平整。

3）铺设时要根据房间尺寸裁割，并且用锋利的刀一刀割开，避免重复割。将地毯沿基准线摊开，两边用力和速度均匀，不得用脚踢开，地毯要绷紧，烫平后再固定在倒刺板上，同一室内采用同种颜色的地毯，并同向铺设地毯。

4）底层地面地毯铺设必须做好地面的防水、防潮隔离层，以免潮气浸入粘结层，导致地毯脱落和受潮霉变。凡能被雨水淋湿、有地下水侵蚀的地面以及特别潮湿的地面，不能铺设地毯。

5）在墙边的踢脚处以及室内柱子和其他突出物处，地毯的多余部分应剪掉，再精细修整边缘，使之吻合服贴。

6）地毯拼缝应尽量小，不应使缝线露出，要求在接缝时用张力器将地毯张平服贴后再进行接缝。接缝处要考虑地毯上花纹、图案的衔接，否则会影响装饰质量。

7）采用方块拼接，必须认真注意弹线，按线铺贴，随时找方，每铺一行都应随时找直，以防出现拼缝不严、歪斜等弊病。

8）铺完后，地毯应达到毯面平整服贴，图案连续、协调，不显接缝，不易滑动，墙边、门口处连接牢靠，毯面无脏污、损伤。

9）拼花地毯在拼缝时要求吻合自然、平整，垫料不得与地毯接缝相重叠。

3.5 质量检查与验收

地毯铺贴质量应符合《建筑地面工程施工质量验收规范》（GB 50209—2010）的规定。

1. 保证项目

1）所用地毯等的品种、质量必须符合设计要求和有关标准的规定。

2）固定式面层与基层的结合（粘结或固定）必须牢固，无脱胶或脱落现象。

2. 基本项目

1）表面洁净，图案清晰，色泽一致，接缝严密，周边顺直。

2）踢脚板表面洁净，接缝平整均匀，高度一致，结合牢固，出墙厚度适宜、基本一致。

3.6 安全环保措施

1）施工所用电动机具必须安全有效、操作方便。

2）作业时严禁吸烟，易挥发材料设专用房间存放，随用随取，不得留存在作业面；应有防火措施，严禁烟火。

3）调配胶粘剂和铺贴地毯时，操作人员应使用劳动保护用品。

4）使用地毯裁边机、热风机、除尘器等电气设备，应设有触电保护器，并应可靠接地。

5）作业完成后确认本区域无安全隐患后方可退出现场。

3.7　成品保护

1）地毯材料进场后应按贵重物品存放、运输、操作和保管；应避免风吹雨淋，注意防潮、防火、防踩、防物压等。

2）严格执行工序交接制度，每道工序施工完成后应及时交接，将地毯上的污物及时清理干净。

3）地毯铺设完后应封闭房间，不能封闭的过道应在面层上铺覆盖物保护。不得在其上进行其他干、湿作业或堆放重物和拖拉物件。

4）水管或暖气管道应保证接头严密不漏水、气，严防出现渗漏水现象，以免浸泡地毯，造成变形脱落。

3.8　学生操作评定（表6-5）

表6-5　地毯铺贴考核评定表

姓名：　　　得分：

项次	项目	考核内容	考核方法	满分	得分	备注
1	基层处理	方法、质量	准确，正确。递减扣分	10		
2	弹线定位	方法、质量	准确，正确。递减扣分	5		
3	裁剪地毯	方法、质量	准确，正确。递减扣分	20		
4	钉卡条、压条	方法、质量	准确，正确。递减扣分	20		
5	接缝处理	方法、质量	准确，正确。递减扣分	10		
6	铺贴地毯	方法、质量	方法正确、线准确、合理。酌情扣分	20		
7	细部整理及清理	方法、质量	方法正确、质量合格。酌情扣分	5		
8	安全文明施工	安全生产、落手清	出现重大安全事故本项目不合格，出现一般事故扣10分，出现事故苗子扣2分；落手清未做扣10分，做而不清扣2分	10		
			合计	100		

考评员：　　　日期：

项目七

▶ ▶ ▶ ▶ ▶

楼梯扶栏与橱柜制作安装工程

任务1　金属护栏、木扶手安装施工实训

1.1　实训目的与要求

实训目的：通过实训使学生熟悉楼梯栏杆与木扶手的安装施工工艺，掌握楼梯栏杆及扶手的施工要点和主要质量控制要点，并通过实训掌握简单施工工具的操作要领。

实训要求：使用基本的栏杆及扶手材料与工具，5人一组，完成1个不少于1.0m的金属栏杆和木扶手的安装操作。操作要严格按照新标准和工艺要求进行，使理论学习和操作技能结合起来，培养学生的创造力。操作要按照安全、文明生产的规程和规定进行，养成良好的工作作风。

1.2　实训准备

1. 主要材料

1）金属栏杆所使用的圆钢、方钢、钢管、钢板采用Q235AF钢，以钢管（方钢）为立杆时壁厚不小于2mm；焊条采用E4303焊条，不锈钢材与铜材应符合国家有关标准，不锈钢栏杆、扶手的壁厚及规格、尺寸、形状应符合设计要求，一般壁厚不小于1.5mm。金属栏杆的花饰、品种等按照设计要求选用。

2）木制扶手一般用硬木加工成规格成品，其树种、规格、尺寸、形状按照设计要求选用。木材本身应纹理顺直，颜色一致，不得有腐朽、裂缝、扭曲等缺陷；在视线可见的扶手表面不允许有节疤（下料时节疤应放在视线看不到的表面）；木材含水率不得大于12%。弯头材料一般采用扶手料，以45°断面相接。断面特殊的木扶手按设计要求备弯头料。

3）一般用聚醋酸乙烯（乳胶）等化学胶粘剂，胶粘剂中有害物质限量应符合国家规范要求。

4）其他材料如木螺钉、木砂纸、加工配件等。

2. 作业条件

1）护栏、扶手制品经检查验收，其材质、规格应符合设计要求。护栏、扶手制品的强度应达到设计要求，并满足硬度、刚度的要求。

2）安装护栏、扶手的工程部位，其前道工序必须施工完毕，并应具备一定的强度，基层必须达到安装护栏、扶手的条件要求。

3）按照设计的护栏、扶手品种，安装前应确定好固定方式且固定支撑件已安装完毕。

4）安装前应先做好样板，经检查合格后，方可正式安装。

3. 主要机具

1）电动机具：手提电钻、小台锯。

2）手动工具：木锯、窄条锯、二刨、小刨、小铁刨、斧子、羊角锤、扁铲、钢挫、木挫、螺丝刀、电焊机、氩弧焊机、焊条、焊丝、抛光机、电锤、切割机、云石机、手提电钻等。

3）检测工具：检测尺、钢卷尺、线绳、方尺、割角尺等。

1.3　施工工艺

施工工艺流程：安装前的准备→定位、放线→安装固定件→焊接立杆→安装木扶手固定用的扁钢木扶手安装→安装完毕后清理。

1. 安装前的准备

1）根据施工图纸，按照安装顺序将货物分放到位排列好，必须仔细核对不得出现错分、错放现象，购置成品及配件应尽量现场开封包装。五金配件的放置要有专门的放置位置，不得随意散乱地置于地面。

2）现场楼梯基层打扫干净，预埋件、预留洞位置及尺寸符合要求。

3）检查核实安装用的机械和工具，机械试运转正常。

2. 定位、放线

按照设计要求，将栏杆、扶手固定件间距、位置、标高、坡度进行定位及校正，弹出栏杆纵向中心线和分格的位置线。

安装扶手时，应按照扶手构造，并根据折弯位置、角度，画出折弯或割角线。楼梯栏杆顶面画出扶手直线段与弯头、折弯段的起点和终点位置。

3. 安装固定件

可预先在主体结构上埋设铁件，然后将立杆与预埋件焊接。无预埋铁件时，应按所弹固定件的位置线，打孔安装，每个固定件不得少于两个 $\phi10$ 的膨胀螺栓固定。铁件的大小、规格尺寸应符合设计要求，检验合格后焊接立杆。

4. 焊接立杆

焊接立杆与固定件时，应放出上、下两条立杆位置线，每根主立杆应先点焊定位，检查垂直度没问题后，再分段满焊。焊接后应清除焊药，并进行防锈处理。

栏杆、扶手焊接其焊缝质量应满足设计要求；设计未要求时，应满足：焊缝高度≥3mm，焊缝均应满焊，并保持焊缝均匀，不得有裂缝、过烧现象，外露处应挫平、磨光。

护栏高度、栏杆间距必须符合设计要求；设计无要求时，按照表7-1执行。

表7-1　护栏高度、栏杆间距要求

建筑物类别	场所	护栏高度/m	栏杆间距/mm
托儿所、幼儿园	阳台、屋顶、平台	≥1.20	净距≤110
	室内楼梯	≥0.60	净距≤110
中小学校	室外楼梯	≥1.10	—
	室内楼梯	≥0.90	—
居住建筑	阳台	底层、多层≥1.05；中高层、高层≥1.10	有防止幼儿攀登措施，净距≤110
	楼梯	一般情况≥0.90，当水平段长度≥0.5m时高度≥1.05	
	外廊、内天井、外屋面	底层、多层≥1.05；中高层、高层≥1.10	

127

5. 安装木扶手固定用的扁钢

安装方、圆钢管立杆以及木扶手前，木扶手的扁钢固定件应预先打好孔，间距控制在400mm以内，再进行焊接。焊接后其间距、垂直度、直线度应符合质量要求（表7-3）。

6. 木扶手安装

1）弯头配置：按栏板或栏杆顶面的斜度，配好起步弯头。一般木扶手，可用扶手料割配弯头，采用割角对缝粘结，在断块割配区段内最少要考虑三个螺钉与支承固定件连接固定。大于70mm断面的扶手接头配制时，除粘结外，还应在下面作暗榫或用铁件铆固。

2）连接预装：木扶手安装宜由下往上进行，首先预装起步弯头，即先连接第一段扶手的折弯弯头，再配置中间段扶手，进行分段预装粘结，操作温度不得低于5℃。

3）固定：分段预装检查无误后，方可进行扶手与栏杆固定，栏杆上扁钢用木螺钉拧紧固定，固定间距控制在400mm以内。操作时应在固定点将扶手料钻孔，再将木螺钉拧入，不得用锤子直接钉螺帽。

4）整修：在扶手料粘拼的扶手折弯处，一般有不平顺现象，应用细木锉锉平，使其折角线清晰，坡角合适，弯曲自然，断面一致，最后用木砂纸打光。

7. 安装完毕后清理

施工完毕，做到工完场清。施工垃圾集中至指定地点。把各类工具整理归类，放回工具室。

1.4 施工质量控制要点

1）栏杆、栏板活动：固定件没有安装在牢固的结构上，所用的膨胀螺栓没有拧紧，栏杆与固定件没有焊接安装牢固或已经开焊。

在安装固定件时，必须打眼安装在原结构上，如有石材钢骨架时，可与其焊接。栏杆与固定件焊接时，必须达到焊接的质量要求，并清除焊药，刷防锈漆处理，所使用钢材的材质、厚度必须符合设计要求。

2）木扶手粘结对缝不严或开裂：主要是扶手料含水率高，安装后干缩所致。扶手料进场后应存放在库内，保持通风干燥，严禁在受潮情况下安装。

3）螺帽不平、伤手：主要是由于钻眼角度不当，施工时钻眼方向应与扁铁固定件面垂直。

4）接槎不平：主要是扶手底部开槽深度不一致，栏杆扁铁或固定件不平整，影响扶手接槎的平顺质量。

5）颜色不均匀：主要是选料不当所致。

1.5 质量检查与验收

1）符合《民用建筑工程室内环境污染控制规范》（GB 50325—2010）的相关规定。

2）符合《室内装饰装修材料 溶剂型木器涂料中有害物质限量》（GB 18581—2009）的相关规定。

3）符合《建筑装饰装修工程质量验收规范》（GB 50210—2001）的有关规定。其质量标准和检验方法见表7-2、表7-3。

表 7-2　护栏、扶手制作与安装验收标准及检验方法

项目	项次	质量要求	检验方法
主控项目	1	护栏和扶手制作与安装所使用材料的材质、规格、数量及木材的燃烧性能、等级应符合设计要求及国家标准的有关规定	观察，检查产品合格证书、验收记录和性能检测报告
	2	护栏和扶手的造型、尺寸及安装位置应符合设计要求	观察；尺量检查；检查验收记录
	3	护栏和扶手安装预埋件的数量、规格、位置以及护栏与预埋件的连接节点应符合设计要求	检查隐蔽工程验收记录和施工记录
	4	护栏高度、栏杆间距、安装位置必须符合设计要求，护栏安装必须牢固	观察；尺量检查；手扳检查
一般项目	5	护栏和扶手转角弧度应符合设计要求，接缝应严密，表面应光滑，色泽应一致，不得有裂缝、翘曲及损坏	观察；手摸检查

护栏和扶手安装的允许偏差和检验方法应符合表 7-3 的规定。

表 7-3　护栏和扶手安装的允许偏差和检验方法

项次	项目	允许偏差/mm	检验方法
1	护栏垂直度	3	用 1m 垂直检测尺检查
2	栏杆间距	3	用钢尺检查
3	扶手直线度	4	拉通线，用钢尺检查
4	扶手高度	3	用钢尺检查

1.6　安全环保措施

1）施工完毕，做到工完场清，施工垃圾集中至指定地点。

2）施工现场应尽量避免强噪声扰民。

3）施工用机具应有漏电保护器。

4）临边作业应设置护栏，防止作业人员摔伤。

5）施工时应注意下面楼层人员，防止坠物伤人。

6）电焊作业时应安排专人看管。

1.7　成品保护

1）进场的不锈钢管材、木制扶手码放时应有垫木，防止表面损坏或变形。

2）栏杆扶手安装时，若地面石材已安装完毕，应做好成品保护，防止焊接火花烧坏地面。

3）木扶手安装完毕后，宜刷一道底漆，且应加包裹，以免撞击损坏和受潮变色。

4）安装好的扶手、护栏应在醒目的位置做警示标识，以免不注意造成损坏。

1.8　学生操作评定（表 7-4）

表 7-4　护栏和扶手制作安装考核评定表

姓名：　　　得分：

序号	评分项目	评定方法	满分	得分
1	护栏和扶手制作与安装所使用材料的材质、规格、数量及木材的燃烧性能、等级应符合设计要求及国家标准的有关规定	观察，检查产品合格证书、验收记录和性能检测报告	10	

129

（续）

序号	评分项目	评定方法	满分	得分
2	护栏和扶手的造型、尺寸及安装位置应符合设计要求	观察；尺量检查；检查验收记录	10	
3	护栏和扶手安装预埋件的数量、规格、位置以及护栏与预埋件的连接节点应符合设计要求	检查隐蔽工程验收记录和施工记录	15	
4	护栏高度、栏杆间距、安装位置必须符合设计要求，护栏安装必须牢固	观察；尺量检查；手扳检查	10	
5	护栏和扶手转角弧度应符合设计要求，接缝应严密，表面应光滑，色泽应一致，不得有裂缝、翘曲及损坏	观察；手摸检查	10	
6	护栏和扶手安装的允许偏差	符合表7-3的规定	15	
7	应按规章制度打扫卫生，工具摆放整齐	检查	10	
8	安全、环保检查	观察	10	
9	实训总结报告	检查	10	
合计			100	

考评员：　　　　　　日期：

任务2　橱柜制作安装实训

2.1　实训目的与要求

实训目的：通过实训使学生熟悉橱柜柜体和台面的结构特点，掌握一般橱柜的施工工艺和主要质量控制要点，并通过实训掌握简单施工工具的操作要领。

实训要求：使用基本的橱柜材料与工具，5人一组，完成1个不少于0.5m的地柜和0.5m的吊柜的安装操作。操作要严格按照标准和工艺要求进行，使理论学习和操作技能结合起来，培养学生的创造力。操作时要按照安全、文明生产的规程和规定进行，养成良好的工作作风。

2.2　实训准备

1. 主要材料

1）防潮板、橱柜门板、木塞、偏心连接件、铰链、滑道、拉手、液压杆等。

2）按设计要求选用木螺钉、螺纹钉、白乳胶、木胶粉、固化剂、铝箔纸、玻璃胶等。

2. 作业条件

1）确认图纸与现场是否一致。

2）检查进水、下水、煤气管的位置是否正确，消毒柜、烟机电源位置是否正确。

3）检查地砖、墙砖是否有缺陷，如有缺陷，应及时记录并与现场管理人员确认。

4）将杂物及与安装无关的物品清理出安装现场。

3. 主要机具

手电钻、冲击电钻、手持型切割机、锤子、木锤、平口螺丝刀、十字螺丝刀、水平尺、

90°角尺、铅笔、卷尺等。

2.3　施工工艺

施工工艺流程：安装前的准备→柜体的制作与安装→摆放连接固定柜体→吊柜的制作安装与固定→安装门板→安装配件→安装小五金→安装台面→灶炉的安装→安装完毕后的调整与清理。

1. 安装前的准备

1）按照安装顺序将货物排列好分放到位，必须仔细核对，不得出现错分错放现象，尽量现场开封包装；打开包装的时候注意刀口的伸出长度，避免损伤到包装里面的柜体等。根据现场环境决定柜体中的大小件的安装操作。

2）组装柜体时应注意轻拿轻放，避免刮伤厨房内的成品，同时避免损伤橱柜柜体。可将拆开后的包装纸铺垫在厨房地面上，避免安装过程中散落的五金件划伤地面。五金配件要有专门的放置位置，不得随意散乱地置于地面上。

3）测量厨房地面的高低水平情况，根据情况选择安装点。L形、U形橱柜，为方便调节，应从转角处向两边延伸，因此凡此两种形式的产品，应先拆开转角处的柜体进行组装。注意墙壁转角是否成90°直角，不成直角的要根据实际情况在安装中进行修改。

2. 柜体的制作与安装

（1）木销、偏心件、连接杆的安装方法及注意事项

1）先将木销插在侧板（或装有连接杆的板件）上，确认木销露出部分不得超过10mm，再将装好木销的侧板准确地与底板进行连接。

2）注意孔位与孔位之间的偏差。木销与孔位的错位误差如在2mm以内，可用美工刀适当修正木销；如误差超过2mm，不得强行安装，应将板件置于一旁，待后期检查后向现场管理人员汇报。

（2）背板的安装方法及注意事项

1）确认侧板与底板的背板槽是否有错位的情况，误差在2mm以内可用美工刀适当修正，超过2mm的不得强行安装。

2）用自攻螺钉固定背板。

（3）抽屉柜的安装方法及注意事项　首先检查滑道安装是否准确，无误后把抽屉箱推进滑道内，拿出面板立放在抽屉箱体的表面，门之间的缝隙控制在2mm，拿直角尺用铅笔画出连接抽屉箱的位置（误差不能超过±0.5mm）。超过500mm宽的抽屉柜底板必须用三合一或角铁与抽屉面连接。

（4）地脚的安装方法及注意事项　橱柜底柜均为侧包底（消毒柜除外），地脚的底座呈鸡蛋圆形，为减轻侧板的压力，地脚底座尖头部分必须伸出在地板外侧。注意：橱柜最外侧不靠墙时，为保证地脚安装顺序，鸡蛋形底座的尖头端向内。宽度为800~1000mm的柜体应在底板的中心增加1个地脚；1000mm以上的柜体，应在底板中心的前后端各增加一个地脚，左、中、右地脚应在同一条直线上。

（5）柜体开缺　因厨房内有包柱、管道，需要进行柜体开缺时，需精确测量开缺尺寸，用曲线锯平稳地将柜体进行改造，锯完后的板件裸露部分必须用锡箔纸（橡胶带）封边。

（6）水盆柜组装注意事项　应首先检查下水管的位置，如距墙体的距离超过150mm，则需用53mm的钻头在水盆柜底板上开下水管孔，开孔时注意测量准确，使下水管孔对准下

水道口，开孔后须将裸露的板材边缘用锡箔纸（橡胶带）封边。注意：水盆柜、灶台柜、转角柜、抽屉柜等柜体的组装方式基本相同。

3. 摆放连接固定柜体

1）不同形状柜体的摆放顺序：L形柜体从转角处向两边延伸；U形柜体选定一个转角，再向两边延伸。

2）柜体摆放完毕后，测试厨房内的地面水平，找出最低点和最高点。从厨房地面最高端开始，调整柜体地脚，调至最低端，保持柜体在一个水平面上；或从转角处向两端调水平。

3）确认柜体水平后，用5mm的钻头在侧板上打出连接孔，用自攻螺钉将柜体连接，连接时尽量保证两侧板完全重合，如存在误差，则需保证顶端和前端在同一平面上。注意：①螺钉尽量安装于隐蔽处，以保持美观，且保证柜体与柜体间连接牢固；②连接螺钉共4颗，其中2颗应隐藏于柜体内门铰的固定螺钉之间，另2颗位于柜体深处。

4. 吊柜的制作安装与固定

1）吊码安装时需要注意方向（不能左右放错），同时应注意敲击力度，避免损伤吊码，安装背板时注意开缺方向，开缺方向应向吊码处。

2）先确定高度，应完全按照样板房标准和图纸标注高度安装。

3）确定好高度后，根据高度确定挂片安装。

① 如吊柜靠墙，应在距墙30～40mm处钻孔（预留出侧板的厚度）。钻孔前，向客户确认电源线、水管的走向，避免误伤线路。

② 确定钻孔位置之后，在水平线上画出打孔位置，钻孔时先轻后重，避免将瓷砖损坏。

4）在挂上吊柜前，确认上部是否有灯，无灯可直接安装；有灯的，则考虑灯具安装的影响。

5. 安装门板

1）橱柜门板应单独包装，并注意轻拿轻放，避免划伤。为保证门板不受意外损伤，施工顺序是：开包、取出门板、仔细检查有无损伤、安装、调试。门板应逐一取出，取出一块安装完毕后再按同一顺序安装下一块门板。如有损伤，在仔细检查后，将损伤门板置于一旁，待柜体全部安装完毕后向现场安装负责人汇报。

2）安装注意事项

① 将门板上牢在柜体上，注意门铰座子孔位置是否正确，如有不对应进行改动。

② 门板安装完毕后，门板应与柜体底板在同一平面上，如预留的孔位有误差，应重新钻孔，确保门板与底板齐平，保证成品安装后的视觉效果。

③ 转角固定门的安装方法：将两块门板水平放置，用专用门铰将两块门板连接在一起，在地柜下端另立三个支撑点（可用备用地脚），将连接好的门板放置在支撑点上，确认门板安装位置，将门板与柜体用角铁连接。

将门板固定在柜体上时，不允许直接从门板外侧向柜体钻孔。

3）门板安装完毕后，须对门铰进行调节，保证门板间隙缝均匀，上下水平。门铰有四只调节螺钉，靠内的螺钉可以前后调节门板，即调整门板与柜体的间隙；靠外的螺钉可调节门板的左右位置，如门板之间的缝隙需调整，可调节此螺钉。

6. 安装配件

1）拉篮、米桶等配件，按说明书安装，保证其抽拉顺畅。

2）抽油烟机的安装：应检查水平面是否安装牢固、烟管是否接通等，如遇烟管及烟罩不够时，应及时通知现场管理人员。

3）消毒柜的安装：应保证通电及正常使用，如为嵌入式消毒柜，应保证配件与消毒柜间连接牢固，如为挂式消毒柜，应保证挂接牢固、水平。

7. 安装小五金

（1）安装拉手

1）普通拉手

① 双饰面板拉手

平开门：吊柜最下端拉手孔距门板外沿的水平和垂直距离均为 50mm；地柜最上端拉手孔距地柜门板顶端垂直距离为 50mm，侧面水平距离为 50mm；抽屉拉手孔距门板最上端的距离为 50mm，水平位置居中。

吊柜上翻门：拉手孔距门板下端边沿垂直距离为 50mm，水平位置居中。

② 铣形门板拉手

铣形门板的边框均为平板，钻拉手孔应以铣形后平面边框的水平（垂直）方面的中心线作为基准，拉手孔必须做到横平竖直。

2）特殊拉手：包括 G 形拉手、迪奥拉手、暗藏式拉手等。G 形拉手、迪奥拉手由工厂在生产过程中完成，暗藏式拉手的槽位已确定，可直接钻孔安装。

3）免装拉手：原理是利用门板凸出的部分进行开拉，不需另钻拉手孔，吊柜门板低于柜体 15mm，地柜由工厂进行特殊开缺，安装完毕后的门板凸出地柜 10mm。

（2）楣线、下托线

1）楣线：最长为 2.4m，拼接难点在于转角处。注意：首先应准确测量柜体尺寸，确定纵横方向楣线放置方法；转角处楣线需进行切角，切角时必须测量精确，确定角度方向。

2）下托线：下托线应与柜体外沿（此处的柜体不含门板）基本齐平，向里退进 2mm。注意：如楣线与下托线有凹凸，转角拼接时，应在凸出部分切割拼接，直拼时，应在凹进部分拼接，目的在于降低拼接难度，提升视觉效果。

（3）地脚线 应保证地脚板与柜体卡牢，配地脚之前，应将柜体底部清洁干净；应特别注意木地脚线转角处的拼接。

（4）放置搁板 放置搁板可采用搁板卡和搁板钉两种方式。如配有搁板的柜体，将搁板放入柜体内。

注意：柜体安装完毕后，凡有抽屉滑轨之处，用纸板（或薄膜）遮盖滑轨，避免台面开孔的粉尘落进轨道中，影响抽拉效果。

8. 安装台面

（1）安装前的准备工作

1）检查所要安装的台面是否全部送到现场，检查台面是否有损坏，若有损坏，在没有把握处理好的情况下，及时通知相关人员。

2）对照图纸，检查台面色号和所带胶水粉料是否与图纸中要求相同。

3）检查台面的宽度、长度、角度是否和实际尺寸相符合。

133

4）用包装纸将地面铺好，做好保护，准备安装。

5）安装台面前检查柜体是否水平，确定水平后才可安装垫板，否则应先调平后再安装台面。

（2）安装台面垫板 台面铺垫系统包括垫板和垫条两部分。

1）铺装垫板

① 修正垫板时，尽量保证垫板向墙体靠拢。

② 垫板铺装必须按柜体走向进行，避免在柜体中间接垫板，垫板拼接处应保证在侧板上（如柜体超过600mm，应绝对避免垫板在中间拼接），柜体转角处应尤其注意（转角柜一般较长，为保证柜体均匀承重，不得在转角柜中间出现垫板拼接的情况）。

③ 在转角出现垫板架空的情况时，如架空距离超过150mm，须在墙体上增加支撑。

2）铺设垫条

① 一般采用的是塑钢扣件垫条，每单片垫条最长为3000mm，宽度为90mm，垫条两侧各有卡口15mm。

② 拼接垫条方式：自垫板外沿开始安装，一长一短顺序安装，共4长3短，安装完毕的垫条整体宽度为540mm（包括两端卡口各15mm），短垫条须安装在长垫条的两端，安装完毕后的垫条系统应是整体的、缓冲散热铺垫系统。

③ 如柜体整体长度超过3000mm，垫条可以拼接，但中间过渡的短垫条应卡住接缝处，保证受力均匀。

④ 有转角柜时，垫条与垫板的走向相反，凡垫板拼接处，垫条不应在相同位置拼接。

⑤ 垫条安装完毕后，如出现多余的垫条小块，应将余下的小块全部安装在空处。应注意，垫条铺装应在吊柜安装完毕后进行。

9. 大圆角炉灶的安装

1）依照图纸的要求用镙机在台面上开孔，保持开孔平滑。

2）在孔角的四周做加固处理，加固部位的外边缘做45°斜边处理。

3）开孔的四周（板材的正、反面）必须修理成$R6mm$的圆角且打磨平滑。

4）将嵌入式炉灶试放在开孔里，同时应确保每一边留有不小于5mm的间隙。

5）用红板纸或隔热棉做隔热后再增加做散热处理的锡箔胶带。

6）炉灶开孔的地方不可以有接驳口，如果在开孔的旁边有接驳口，接驳口距开孔边缘的距离不应小于100mm。

7）炉底部周边的金属扣码不能直接接触实体台面，炉灶周围不能用玻璃胶做炉面与台面的连接。

10. 小圆角或直角炉灶的安装

1）依照图纸的要求用镙机在台面上开孔，保持开孔平滑。

2）在孔角的四周做加固处理，加固部位的外边缘做45°角斜边处理。

3）当圆角的直径小于或等于13mm时，在圆角处用镙机选用直径为12.7mm的镙刀向台面方向推进约3mm做兔耳状。

4）开孔的四周（板材的正、反面）必须修理成R6mm的圆角且打磨平滑。

5）将嵌入式炉灶试放在开孔里，同时应确保每一边留有不小于5mm的间隙。

6）用红板纸或隔热棉做隔热后再增加做散热处理的锡箔胶带。

7）炉灶开孔的地方不可以有接驳口，如果在开孔的旁边有接驳口，接驳口距开孔边缘的距离不应小于100mm。

8）炉底部周边的金属扣码不能直接接触实体台面，炉灶周围不能用玻璃胶做炉面与台面的连接。

11. 炉灶的安装

1）台式炉灶应该放置在跌级厨柜上，同时要求有足够的空间放置炉灶。

2）高柜的边缘距离炉灶的边缘至少不小于100mm的距离，以保证台面不直接受热。

3）炉头必须高于高柜上台面，避免明火或热力直接接触导致爆裂或损坏台面。

4）在跌级柜台面与台式炉灶之间必须做隔热处理。

5）嵌入式炉灶不宜使用四头炉及炉体下身四角是直角的炉灶。

6）伸缩缝：在安装台面时，注意台面与墙壁（包括柱、水管、墙角柱）之间都必须保留3～5mm的伸缩缝（伸缩缝的大小以台面的长短决定，超过4m的台面，伸缩缝应不小于5mm），以避免因热胀冷缩损坏台面。

7）安装完后用玻璃胶将台面四周填封好。

8）在安装垫板时，前裙与垫板之间也要保留2～3mm的距离，目的是有效地防止热膨胀。

12. 安装完毕后的调整清理

1）调整门板时必须用镙丝刀进行操作，考虑铰链的使用寿命绝不能用电钻进行调整，对开门板缝隙保持在1.5mm左右。所有门板的高度应保持门板下沿与箱体下沿一平，门板调平后，所有铰链全部盖上铰链盖。

2）踢脚板的安装：踢脚板是安装在地柜柜脚前面的装饰板，踢脚板内侧的凹槽内有几个环形的塑料扣，它们是用来固定踢脚板的，把踢脚板放在地柜的底部，移动塑料扣的位置，让它们与柜脚对应，向里推踢脚板，让塑料扣卡在柜脚上，这样就把踢脚板固定住了。

3）最后的清理：墙面、柜体内、门窗、地面全部清理干净后，把切割部位打上密封胶，台面及附件等打上玻璃胶，所打玻璃胶必须均匀，胶高不能超过5mm。封胶的时候要用到胶枪，把胶管固定在胶枪上，控制好力度，让出胶量均匀。除了墙体与台面的连接处要封胶之外，台面与水盆的连接处也要用玻璃胶封死，这样可以有效地防止使用时台面上的水通过这些缝隙渗到橱柜内部。

2.4　施工质量控制要点

1）柜体、胶、门板、台面要进行甲醛含量的检测；柜体、门板表面平整，无损伤、划伤缺陷；门板安装留缝均匀，柜体、台面和墙地面收口均匀、得当，门板、抽屉开启灵活、无异响声；台面表面平整、无划伤、接缝圆滑，有前后挡水；五金表面光滑、无锈，开启灵活；龙头、水槽外观良好，无划痕、缺陷、锈点。

2）龙头、水槽的安装，特别是给排水的安装得当，不漏水；控制台面与墙面的安装距离以及打胶的质量；控制台面的平整度以及水平度，以防水槽处的水往炉灶处流。

3）吊柜门板开启不得碰撞到灯具、厨房电器等，尤其是在转角位置；单门柜体宽度应≥200mm；橱柜内需设置燃气软管通道，且满足0.3m≤燃气软管长度≤2m；炉灶柜尺寸，宽度≥燃气灶洞口尺寸+300mm，适合操作。

4）橱柜背板材料应具备相应强度，不变形、可开孔、安装牢固、密封；踢脚板应安装牢固、平直、美观。

5）设置挡水线，台面应配有挡水装置，后挡水与墙面之间距离应≤2mm，高度宜≥40mm，台面前部可以设置挡水沿，高度为5mm左右，台面打磨、上蜡应在所有工序完成后进行。

6）排水位置合理，以通畅、对橱柜功能影响最小为原则。排水管管径应和水龙头下水管相匹配；水龙头的下水管与主管的接口处应做密封除臭；水槽柜底部加装防水铝膜防潮。

2.5 质量检查与验收

1）符合《民用建筑工程室内环境污染控制规范》（GB 50325—2010）的相关规定。

2）符合《室内装饰装修材料 溶剂型木器涂料中有害物质限量》（GB 18581—2009）的相关规定。

3）符合《建筑装饰装修工程质量验收规范》（GB 50210—2001）的有关规定。其质量标准和检验方法见表7-5、表7-6。

表7-5 橱柜制作与安装质量要求及检验方法

项目	项次	质 量 要 求	检 验 方 法
主控项目	1	橱柜制作与安装所用的材质规格、木材的燃烧性能等级和含水率、花岗岩的放射性及人造木板的甲醛含量应符合设计要求及国家现行标准的有关规定	观察；检查产品合格证书、进场验收记录、性能检测报告和复验报告
	2	橱柜安装预埋件或后置埋件的数量、规格、位置应符合设计要求	检查隐蔽工程验收记录和施工记录
	3	橱柜的造型、尺寸、安装位置、制作和固定方法应符合设计要求，橱柜安装必须牢固	观察；尺量检查；手扳检查
	4	橱柜配件的品种、规格应符合设计要求，配件应齐全，安装应牢固	观察；手扳检查；检查进场验收记录
	5	橱柜的抽屉和柜门应开关灵活、回位正确	观察；开启和关闭检查
一般项目	6	橱柜表面应平整、洁净、色泽一致，不得有裂缝、翘曲及破坏	观察
	7	橱柜裁口应顺直，拼缝应严密	观察

表7-6 橱柜安装的允许偏差和检验方法

项次	项目	允许偏差/mm	检 验 方 法
1	外型尺寸	3	用钢尺检查
2	立面垂直度	2	用1m垂直检测尺检查
3	门与框架的平行度	2	用钢直尺检查

2.6 安全环保措施

1）切割板材时应适当控制锯末粉尘对施工人员的危害，必要时应佩带防护口罩。

2）材料应堆放整齐、平稳，并应注意防火。

3）各种电动工具使用前要进行检修，严禁非电工接电。

4）施工现场必须做到工完场清，清扫时应洒水，不得扬尘。

5）有噪声的电动工具应在规定的作业时间内施工，防止噪声污染扰民。

6）废弃物应按环保要求分类堆放及消纳。

2.7 成品保护

1）有其他工种作业时，要适当加以掩盖，防止碰撞饰面板。

2）不能将水、油等溅湿饰面板。

3）施工现场内严禁吸烟，明火作业要有动火证，并设置看火人员。

4）对各种工具、剩余饰面板分类堆放整齐，保持施工现场整洁。

2.8 学生操作评定（表7-7）

表7-7 橱柜的制作与安装考核评定表

姓名： 得分：

序号	评分项目	评定方法	满分	得分
1	橱柜制作与安装所用的材质规格、木材的燃烧性能等级和含水率、花岗岩的放射性及人造木板的甲醛含量应符合设计要求及国家现行标准的有关规定	观察；尺量检查；检查产品合格证书、性能检测报告、进场验收记录	10	
2	橱柜安装预埋件或后置埋件的数量、规格、位置应符合设计要求	观察；尺量检查；检查产品合格证书、性能检测报告、进场验收记录	15	
3	橱柜的造型、尺寸、安装位置、制作和固定方法应符合设计要求，橱柜安装必须牢固	观察；检查产品合格证书、性能检测报告、进场验收记录	10	
4	橱柜配件的品种、规格应符合设计要求，配件应齐全，安装应牢固	观察；手扳检查	10	
5	橱柜的尺寸、位置和造型应符合设计要求	观察；尺量检查	15	
6	橱柜的抽屉和柜门应开关灵活、回位正确	观察；手扳检查	10	
7	应按规章制度打扫卫生，工具摆放整齐	检查	10	
8	安全、环保检查	观察	10	
9	实训总结报告	检查	10	
合计			100	

考评员： 日期：

参 考 文 献

[1] 北京土木建筑学会. 建筑装饰装修工程施工操作手册 [M]. 北京：经济科学出版社，2004.

[2] 叶刚. 综合实习 [M]. 北京：中国建筑工业出版社，2003.

[3] 陆化来. 建筑装饰基础技能实训 [M]. 北京：高等教育出版社，2002.

[4] 中国建筑工程总工司. 建筑装饰装修工程施工工艺标准 [M]. 北京：中国建筑工业出版社，2003.

[5] 建设部人事教育司. 油漆工·木工 [M]. 北京：中国建筑工业出版社，2003.

[6] 北京土木建筑学会. 建筑工程技术交底记录 [M]. 北京：经济科学出版社. 2003.

[7] 建筑装饰工程手册编写组. 建筑装饰工程手册 [M]. 北京：机械工业出版社. 2002.

[8] 邵刚. 金工实训 [M]. 北京：电子工业出版社. 2004.

[9] 高祥生，韩巍，过伟敏. 室内设计师手册 [M]. 北京：中国建筑工业出版社，2001.

[10] 李亚江. 特殊及难焊材料的焊接 [M]. 北京：化学工业出版社，2003.

[11] 李有安，刘晓敏. 建筑电气实训指导书 [M]. 北京：科学出版社，2003.

[12] 饶勃. 金属饰面装饰施工手册 [M]. 北京：中国建筑工业出版社，2005.

[13] 陈世霖. 建筑工程设计施工详细图集装饰工程（4）[M]. 北京：中国建筑工业出版社，2005.

[14] 刘光源. 简明电器安装工手册 [M]. 2版，北京：机械工业出版社. 2001.

[15] 王朝熙. 建筑装饰装修施工工艺标准手册 [M]. 北京：中国建筑工业出版社，2004.

[16] 谷云端. 建筑室内装饰工程设计施工详细图集 [M]. 北京：中国建筑工业出版社，2002.

[17] 中国建筑标准设计研究院. 03 J603 – 2　铝合金节能门窗 [S]. 北京：中国计划出版社，2003.

[18] 中华人民共和国建设部. GB 50327—2001　住宅装饰装修工程施工规范 [S]. 北京：中国建筑工业出版社，2002.

[19] 中华人民共和国建设部. GB 50210—2001　建筑装饰装修工程施工质量验收规范 [S]. 北京：中国标准出版社，2002.

[20] 中华人民共和国住房和城乡建设部. GB 50300—2013　建筑工程施工质量验收统一标准 [S]. 北京：中国建筑工业出版社，2014.

[21] 中华人民共和国住房和城乡建设部. GB 50206—2012　木结构工程施工质量验收规范 [S]. 北京：中国建筑工业出版社，2012.

[22] 中华人民共和国建设部. JGJ 46—2005　施工现场临时用电安全技术规范 [S]. 北京：中国建筑工业出版社，2005.